D-Day 예보에 참여한

기상학자들

윤일희 지음

(주)북스힐

머리글

대기 상태의 변화는 어떤 사람에게는 즐거움을 주고, 어떤 사람에게는 슬픔을 준다. 역사적인 중대한 사건에서 국가의 운명은 보통 예기치 않았던 변화무상한 날씨와 관련이 있다. 특히 전쟁에서 국가의 존망이 날씨에 의해서 결정된 예는 동·서양 모두 무수히 많다.

서기 208년 장강 이북을 석권한 위나라의 조조(曹操, 155~220)는 80만 대군을 이끌고 동오의 손권(孫權, 182~252)을 정벌하고자 출정하였다. 손권을 물리치고 나면 당시 변변한 세력 기반이 없던 촉한의 유비(劉備, 161~223)나 그 밖의 여러 제후들은 간단히 물리칠 수 있는 상황이었다. 이에 손권과 유비는 동맹을 맺고 유비의 책사인 제갈량(諸葛亮, 181~234)을 동오로 파견하였다. 조조의 80만 대군과 동맹군 5만이 대치하고 있던 곳은 장강 북쪽 강가인 오림이었다. 여기에서 벌어진 전투가 바로 삼국지연의에 나타나는 적벽대전이다. 이 전투에서 제갈량은 남동풍 지략으로 조조 군대를 격파하고 큰 승리를 거두었다.

기상학적으로 그곳에서 남동풍이 불 확률은 매우 낮았다. 왜냐하면, 전투가 시작된 시기가 겨울이라 북서 계절풍이 탁월하였기 때문이다. 그러나 제갈량은 국지 바람의 출현을 예상하였다. 즉 겨울의 어느 날 바람의 방향이 바뀌어 남동풍이 부는 것을 알고 남동풍이 불기를 기다렸고 예상대로 남동풍이 불어 화공이 가능하게 되었던 것이다.

서기 1281년 6월 중국의 정복자이며 칭기즈 칸(Chingiz Khan, 1167~1227)의 손자인 몽골의 쿠빌라이 칸(Khubilai Kahn, 1215~1294)는 4,400척에 140,000 대군을 이끌고 일본을 침범하였다. 몽골 육군은 아주 강력했기 때문에 만약 갑작스러운 날씨 변화가 일어나지 않았다면 쿠빌라이 황제는 거의 성공할 수 있었다. 갑자기 태풍의 회오리바람이 바다로부터 일었다. 폭풍은 황제의 전선들을 해안으로 몰면서 잡아채고 부수었다. 이 대변동의 결과 몽골의 병사 반 이상이 죽었다. 이 사건은 그 당시 쿠빌라이 왕궁을 방문한 이탈리아 여행가인 마르코 폴로(Marco Polo, 1254~1324)에 의해서 기술되었다. 마르코 폴로는 많은 병사들이 바다에 빠져 죽었고 일부만 해안가에 도달하여 일본군에 의해서 살육된 사람들은 얼마 되지 않았다고 보고했다. 폭풍우는 몽골 육군을 파괴하고 가미가제(Kamikaze: divine wind(神風))라는 특별한 일본의 국가 수호신을 탄생시켰다.

서기 1588년 8월 스페인의 왕인 필립 2세(King Philip II, 1527~1598)는 엘리자베스 여왕(Queen Elizabeth, 1533~1603)이 집권하고 있던 영국을 공격하기 위해서 130척의 전함에 27,000명을 실은 무적함대(Armada)를 배치시켰다. 잉글랜드의 역사는 만약 날씨가 방해하지만 않았다면 사뭇 다른 역사를 가지게 되었을 것이다. 스페인에게는 불행하게도 5일 동안 맹렬한 폭풍우가 불어 많은 전함들을 바위가 많은 스코틀랜드 해안으로 몰아 파괴해 버렸다. 나머지 전함들은 서쪽으로 필사적인 탈출을 하였다. 1588년 9월 18일, 철수하던 무적함대의 선두 함대는 아일랜드 부근 비스케이 만에서 또 다른 강력한 폭풍을 만나게 되었다. 사흘 뒤 이 강력한 폭풍은 아일랜드 서해안 앞바다를 강타했는데 이때 대 선단에서 낙오한 전함들은 바람에 밀려 적국인 아일랜드 해안에 난파되고 말았다. 이 폭풍에서 스페인의 무적함대는 영국과의 그 어느 전투 때보다도 많은 전함을 잃고 함대의 반 정도만이 되돌아왔다.

프랑스의 황제 나폴레옹 보나파르트(Napoléon Bonaparte, 1769~1821)의 권력도 나쁜 날씨로 인하여 종말을 고하였다. 나폴레옹의 군사력은 러시아에서 맞은 1812년의 극심한 겨울 동안 약화되었고, 최종적으로 1815년 6월 15일부터 18일 동안 우중에서 수행된 작전에서 붕괴되었다. 나폴레옹의 마지막 군사 행동의 결정적인 전투가 6월 18일 벨기에의 워털루 지방 근처에서 벌어졌다. 전투는 먼저 프랑스 육군과 웰링턴 공작(Duke of Wellington, 1769~1852)[1)]의 지휘 하에 있던 영국과 네덜란드 연합군 사이에서 이루어졌고 또한 그 후 블뤼허 왕자(Prince Blücher, 1742~1819) 휘하의 프로이센 군대와 이루어졌다. 17일 프랑스 군대가 영국과 네덜란드 연합군을 공격하는 과정에서 이른 오후에 뇌우가 발생하였다. 비는 땅을 늪지로 변하게 만들었다.

결과적으로 프랑스 군대의 전진 속도를 떨어뜨렸다. 이것이 웰링턴의 약한 군대를 거의 완전하게 보존되도록 허용하였고 더 나은 위치로 철수하도록 하였다. 17일 밤부터 18일까지 내린 비는 땅을 더 질펀하게 만들어 전투가 정오 전까지 이루어지지 못하였다. 처음 몇 시간 동안의 전투는 프랑스군이 우세하였다. 오후 4시경에 도착한 프로이센 병사들로 인해 전투의 양상이 바뀌었고 나폴레옹의 군대는 대패하였다. 1815년 6월 16일 워털루 전투 지역

---

1) 본명은 아서 웰즐리(Arthur Wellesley)로서 아일랜드의 더블린에서 출생하여 1814년에 Duke of Wellington의 작위를 받음. 1815년 워털루 전투에서 승리하였다.

에는 고기압의 영향으로 맑은 날씨를 보였으나 6월 17일에는 잉글랜드에 저기압 중심을 둔 저기압이 발달하여 전투 지역에 영향을 미쳐 오후에 뇌우가 발생하였고 비가 내렸다. 6월 18일에는 이 저기압이 전투 지역을 완전히 빠져 나가 맑은 날씨를 보였다.

이러한 역사적인 사건에 날씨가 얼마나 중요한지에 대해 알아보았다. 20세기부터 확립된 종관 기상학은 미래 날씨 상태를 예측할 수 있게 해주었다. 즉 기상학이 과학으로 화려하게 등장한 것이다. 예보 기술의 차이에 의해 전쟁의 승패를 갈라놓은 사건이 D－Day 날씨 예보이다.

이 책은 2차 세계대전 중 프랑스 북부 노르망디에서 이루어진 대규모 상륙작전을 위해 날씨 예보에 관여한 연합국 기상학자들에 관한 이야기이다.

서장에서는 D－Day 날씨 예보에 대한 내용을 요약하였다. 1장에서는 잉글랜드 기상학자인 어니스트 골드, 2장에서는 종관 예보를 훌륭하게 수행한 찰스 더글러스, 3장에서는 20세기 기상학 분야의 큰 별인 야코브 비야크네스, 4장은 기상학을 과학으로 바꾼 카를 로스비, 5장은 새로운 날씨 분석과 예보 방법을 만든 스베레 페테르센, 6장은 D－Day 예보를 완벽하게 조절한 제임스 스태그, 7장은 날씨예보로 장사를 한 어빙 크릿, 8장은 육군 사관학교 출신인 도널드 예이츠, 9장은 미국 기상학자인 벤저민 홀츠만, 10장은 잉글랜드 기상학자로서 미국에 건너가 새로운 경력을 쌓은 조지 로빈슨이다.

각 장에는 읽을거리를 두어 내용 이해에 도움을 주도록 하였다. 그리고 마지막에는 일반 독자들을 위해 어려운 용어들을 풀이하였다.

어려운 여건 속에서 이 책을 발간해 주신 (주) 도서출판 북스힐의 조승식 대표와 편집을 맡아 수고하신 편집부를 비롯한 여러분들의 노고에 감사의 마음을 전하고 싶다.

2007년 가을

경북대학교 사범대학 과학교육학부
교수 윤일희

차 례

머리글 _ i

서장 _ 1

1장 어니스트 골드(Ernest Gold, 1881~1976) _ 10

온도풍이란 용어를 만든 사람 _ 10
영국 기상대 시절 _ 11
읽을거리 : 데이비드 브런트 _ 12
기상부대 창설 _ 15
기상 부호 _ 16
영국 왕립기상학회 _ 18
2차 세계대전 참전 _ 19
공헌 _ 21
읽을거리 : 기상연의 역사 _ 21
연대기 _ 30

2장 찰스 더글러스
(Charles Kenneth Mackinnon Douglas, 1893~1982) _ 31

종관 예보를 훌륭하게 수행한 사람 _ 31
1차 세계대선 참선 _ 32

전선 이론의 시작 _ 35
읽을거리 : 빌헬름 비야크네스 _ 37
영국 기상대 시절 _ 42
D-Day 예보 _ 45
전쟁 이후 시기 _ 48
읽을거리 : 레저널드 슈트크리프 _ 49
연대기 _ 60

3장 야코브 비야크네스(Jacob Aall Bonnevie Bjerknes, 1897~1975) _ 61

현대 기상학의 창시자 중 한사람 _ 61
어린 시절 _ 62
아버지의 영향 _ 62
라이프치히 지구물리 연구소 _ 64
베르겐 학교 _ 66
읽을거리 : 막스 마르굴레스 _ 72
원하지 않은 미국 정착 _ 74
말년의 연구 _ 76
영예 _ 79
읽을거리 : 엘니뇨, 라니냐, 남방진동 _ 80
연대기 _ 88

4장 카를 구스타브 로스비(Carl-Gustaf Arvid Rossby, 1898~1957) _ 89

기상학을 과학으로 바꾼 사람 _ 89
학창 시절 _ 90
스웨덴 기상 · 수문대 시절 _ 90
미국으로 이주 _ 91
MIT 시절 _ 92
읽을거리 : 허버트 리일 _ 92
시카고 대학교 시절 _ 95
스톡홀름 대학교 시절 _ 96
업적 _ 96
읽을거리 : 편서풍 파동과 제트류 _ 98
연대기 _ 103

5장 스베레 페테르센(Sverre Petterssen, 1898~1974) _ 104

새로운 날씨 분석과 예보 방법을 만든 사람 _ 104
어린 시절 _ 104
학창 시절 _ 105
읽을거리 : 토르 베르셰론 _ 106
예보관 시절 _ 109
미국 방문 _ 110
D-Day 예보 _ 111
전후 활동 _ 112
읽을거리 : 알프레트 베게너 _ 114

연대기 _ 119

6장 제임스 스태그(James M. Stagg, 1900~1975) _ 121

막중한 임무를 성공시킨 사람 _ 121
영국 기상대 _ 122
막중한 임무 _ 123
읽을거리 : 찰스 케이브 _ 124
전쟁 이후 _ 127
읽을거리 : 길버트 워커 _ 128
연대기 _ 135

7장 어빙 크릭(Irving P. Krick, 1906~1996) _ 136

날씨 예보를 상업으로 활용한 사람 _ 136
대기 과학으로 결정 _ 137
읽을거리 : 시오도르 폰 카르만 _ 138
캘리포니아 공과대학 기상학과 _ 140
D-Day 예보 _ 143
전후 활동 _ 144
날씨 변형 _ 145
읽을거리 : 빈센트 조지프 섀퍼 _ 146
연대기 _ 155

8장 벤저민 홀츠만(Benjamin Grad Holzman, 1910~1975) _ 156

비키니 원자폭탄 실험에 참여한 사람 _ 156
캘리포니아 공과대학 시절 _ 157
읽을거리 : 베노 구텐베르크 _ 157
2차 세계대전 참전 _ 160
원자폭탄 실험 _ 161
학회 활동 _ 162
읽을거리 : 버너드 보네거트 _ 163
연대기 _ 166

9장 도널드 예이츠(Donald Norton Yates, 1909~1993) _ 167

육군 사관학교 출신의 기상학자로서 D-Day 예보에 참여한 사람 _ 167
기상학자로의 꿈 _ 168
읽을거리 : 클리블랜드 애비 _ 169
2차 세계대전 _ 173
장군으로 진급 _ 174
읽을거리 : 윌리엄 네이피어 쇼 _ 176
연대기 _ 186

10장 조지 로빈슨(George David Robinson, 1913~1996) _ 188

스모그를 연구한 사람 _ 188
영국 기상대 시절 _ 189
읽을거리 : 조지 심슨 _ 190
2차 세계대전 참전 _ 194
전후 활동 _ 196
미국에서 두 번째 경력 _ 197
학회 활동 _ 198
연구 활동 분야 _ 199
읽을거리 : 영국 기상대 _ 199
연대기 _ 203

용어 풀이 _ 204
참고 문헌 _ 212
찾아 보기 _ 216

서장

2차 세계대전 중 프랑스 북부 노르망디에서 감행된 상륙작전의 성공은 이후 전쟁의 양상을 완전히 바꾼 계기가 되었다. 1944년 6월 D-Day를 위한 날씨 예보는 절대적으로 필요한 사항이었다. 대부분의 기상학자들은 2차 세계대전 동안 유럽의 연합군 상륙작전(작전명 : Overload operation)이 부적절한 날씨 때문에 1944년 6월 5일에서 6일로 24시간 동안 연기되었다는 것을 알고 있다. 그러나 일반인에게는 이러한 이야기가 잘 알려져 있지 않다.

상륙 날짜를 결정하는 데 있어 최초의 필요조건은 조석에 관한 것이었다. 독일군은 노르망디의 해안에서 최대의 썰물이 일어나는 지점에 직각으로 요새를 구축하였다. 그런 까닭에 처음 상륙 작전은 최대의 썰물이 일어나는 지점에서 강행해야 병력들이 적을 볼 수 있고 적의 요새를 피할 수 있었다. 또한 만약 동일한 날 그러한 조석이 두 번 일어난다면 굉장한 장점을 가질 수 있었다. 그러므로 조석의 관점에서 보면, 1944년 6월 내에 가능한 상륙 날짜는 5~7일 또는 19~21일로 요약되었다.

여러 가지 작전 준비를 위한 날씨 필요조건은 복잡하였다. 해군은 다량의 상륙 선박으로부터 병력을 안전하게 상륙 시키기 위해서 해안으로 향하는 바람(onshore wind)이 4.4~5.3 m/s를 초과

하지 않아야 된다고 규정하였다. 또한 해군은 적어도 5 km의 시정을 확보해야 수백 척의 상륙 선박이 적절한 주둔지를 유지할 수 있고 함포가 해변에 있는 목표물에 대해서 정확한 시야를 확보할 수 있다. 공군은 최적의 날씨 조건에 따라 가장 폭넓은 역할을 다양하게 할 수 있었다. 전투기와 고공 폭격기는 구름이 끼는 것을 좋아하지 않지만, 저공 폭격기들은 900 m의 구름 밑면 고도를 필요로 한다. 그래야 저공 폭격기가 폭격 후 재빠르게 구름 속으로 숨어 되돌아올 수 있기 때문이다. 또한 안개와 하층층운은 특히 글라이더로부터 병력을 착륙시키는 경우 불가능한 조건을 발생시킬 수 있었다. 일반적으로 육군은 해군과 공군의 필요한 날씨 조건을 받아들이지만 침공 전에 과도한 비가 내리면 탱크와 중장비의 이동이 어렵거나 거의 불가능하게 된다.

상륙 작전에는 영국의 3군, 미국군, 유럽 연합군들이 포함되었기 때문에, 필요한 예보를 제공하는 기상 편제도 복잡하였다. 테딩턴[1)]에 주둔하고 있던 미국 육·공군 사령부의 기상대[2)]는 미국 군대에 대한 예보를 전적으로 책임졌다. 던스터블에 소재한 영국 기상대는 영국과 연합군의 육군과 공군에 대한 예보 업무를 책임졌고, 런던에 있던 해군 본부가 영국 해군을 위한 주 예보 센터로 활동하였다. 연합 원정군 최고 사령부(SHAEF)에 있던 영국 공군 대령 제임스 스태그(James M. Stagg, 1900~1975)가 연합군 총사령관인 아이젠하워 장군의 기상 자문역으로 임명되었다. 초기 계획 단계에서 스태그는 던스터블, 해군 본부 예보센터, 와이

---

1) Teddington : 런던의 한 도시 지명으로 템스강에 가장 큰 갑문이 이곳에 있다.
2) 와이드윙(Widewing)이라 불렀다.

드윙 측과 정규적인 전화 협의를 마련하였다.

상륙 작전 참모들은 가능하면 긴 기간을 포함하는 날씨 예보가 분명히 필요하였다. 그리고 초기 단계부터 그들은 5일간을 망라하는 예보가 준비되어야 한다고 고집하였다. 공격 개시일이 다음 목요일이라는 것을 가정하여, 1944년 2월부터 예보는 일요일 아침에 정규적으로 준비되었고 월요일 아침에 작전 참모에게 제출되었다.

시작부터 스태그는 두 곳의 주요 기상대인 던스터블과 와이드윙으로부터 작성된 5일 예보를 조화시키는 데 어려움을 겪었다. 던스터블 기상대의 통보관은 찰스 더글러스(Charles Douglas, 1893~1982)와 스베레 페테르센(Sverre Petterssen, 1898~1974)이었고, 와이드윙 기상대의 통보관은 벤저민 홀츠만(Benjamin Grad Holzman, 1910~1975)과 어빙 크릿(Irving Krick, 1907~1996)이었다. 던스터블의 찰스 더글러스는 가장 경험이 많은 확실한 예보관이었다. 그는 1차 세계대전에서 영국 공군 비행단의 조종사와 기상 관측자로 참전하였고 그 이후 예보자로서 근무하였다. 그는 또한 기상 이론에 우수한 지식을 가지고 있었다. 그는 그 당시 이용할 수 있는 방법을 사용하게 되면 36~48 시간 예보는 매우 예외적인 경우를 제외하고는 정확하지 않다고 믿었다. 페테르센은 던스터블에 새롭게 만들어진 영국 기상대 상층 대기과에서 1943년 초부터 매 6시간 간격으로 여러 높이에서 작성된 상층 일기도와 예보의 정보를 주로 사용하여 5일 예보를 준비하였다.

반면에 와이드윙의 어빙 크릿은 과거 기록으로부터 유사한 기상 상황을 선택하여 현재 상황에서 어떤 현상이 일어날 것인가를 고려하는 유사 기술을 사용하였다. 이러한 유사법을 사용함으로써 와이드윙의 예보관들은 48시간 이상인 경우 던스터블 예보관들보다 더 상세하고 비중 있게 다루는 경향이 있었다. 스태그는 어느 한편에 치우침이 없이 최고 사령관에게 협의된 날씨 예보를 제출하는 어려운 책무를 지고 있었다. 그럼에도 불구하고 그 자신의 경험으로는 더글러스의 견해를 가장 선호하였다. SHAEF에서 스태그의 역할 중 가장 큰 어려움은 와이드윙의 책임자인 미국 공군 대령 도널드 예이츠(Donald Norton Yates, 1909~1993)와의 관계였다. 그러나 다행스럽게도 스태그와 예이츠는 모두 좋은 품성을 지녀 그들의 직위가 가지는 어려움을 충분히 깨닫고 있었다.

아마도 모든 부대는 그들 앞에 동일한 지상 일기도를 펼치고 있다 하더라도, 반드시 상황이 같다고 판단할 수는 없는 일이었다. 일기도는 급하게 그려졌고 특히 대서양으로부터의 관측은 매우 적었다. 대서양의 관측은 미국 해군과 영국 해군 함정으로부터 이루어져 전문이 암호로 작성되었고 그것을 풀어 일기도 작성에 사용되었기 때문에 오류가 발생할 가능성이 있었다. 그러한 오류 보고는 후에 통보받게 되고 일부 일기도에는 나타나지 않게 된다. 다른 경우 가치는 있지만 오류가 포함된 자료들이 4개의 정찰 비행편대로부터 상층과 지상 보고에 포함되어 있었다. 이들 정찰대는 지브롤터로부터 대서양 북서 지방, 콘월로부터 대서양 남서 지방, 북부 아일랜드와 서 스코틀랜드로부터 서쪽 또는 북서쪽 지방을 800 km 이상 날아서 관측하였다.

1944년 5월, 스태그의 부관인 조지 로빈슨(George Robinson, 1913~1996)은 2월부터 준비된 5일 예보의 성공을 분석하였다. 그의 발견은 기운을 돋우지 못하였다. 평균적으로 예보는 유용하게 정확하였고 5일 동안 첫 번째 날보다는 두 번째 날의 신뢰성이 더 떨어졌고 그 이상의 날이 되면 예보와 사실 사이에 합치하는 것이 급격하게 줄어들었다. 이와 동시에 더글러스도 역시 던스터블의 예보를 협의 참석자사이에서 타협된 내용과 비교하여 그들 자신이 생산한 던스터블 예보가 더 정확하다는 사실을 알게 되었다. 이런 연구의 결과 때문에 공격 개시일이 다가옴에 따라 던스터블은 와이드윙으로부터 반대 의견을 접하게 되면 그들의 예보를 수정하는 데 소극적이 되었다.

6월 5일로 예정된 공격 개시일이 다가옴에 따라, 날씨 예보가 대단히 중요하다고 가정하였다. 상륙작전에 참여하는 많은 선박들은 영국 서해안의 여러 항구에 정박하고 있었고, 일부는 오크니 제도 내의 영국 해군의 정박지인 스캐퍼플로까지 북쪽에 위치하고 있었다. 또 다른 일부는 상륙 지점에 도달하는데 며칠이 걸리는 위치에 있었다. 6월이 시작됨에 따라 6월 5일의 날씨가 작전에 적합할지 아닐지를 뚜렷하게 말해야 되는 스태그와 다른 예보관들은 강한 압박에 시달렸다. 불행하게도, 던스터블과 와이드윙의 예보가 매우 다른 날이 바로 이날이었다.

상륙 지역에서 5월의 대부분 날은 약한 바람을 동반한 청명한 날씨를 나타내었지만 6월에 들어서면서 날씨는 매우 불안정하였다. 5일 예보는 초기에 매주 일요일마다 준비되었지만 이 당시에는 매일 준비하게 되었고 최고 사령관의 명령이 있으면 그 이상을 준비하는 경우도 종종 있었다. 6월 1일 일련의 저기압이 대서양을 가로질러 동쪽으로 진로를 정하고 있었고, 스코틀랜드 북부 근치에도 위치하고 있었다(그림 S−1). 와이드윙 예보자들은 고기압의 마루가 다음 며칠간 아조레스로부터 확장하여 침입 해안

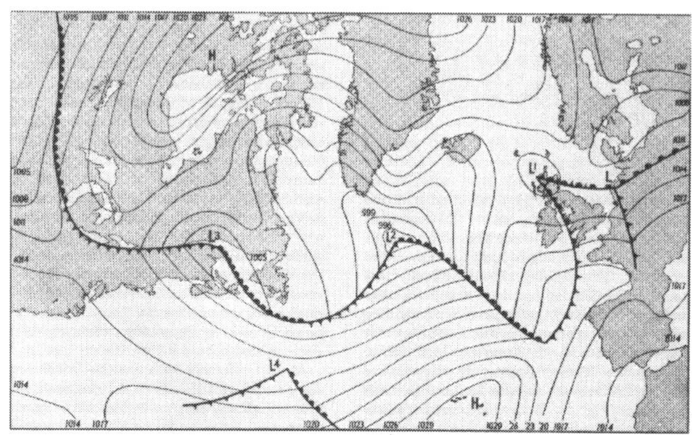

그림 S-1 1944년 6월 1일 1300 GMT에서의 기상 상황을 나타내는 지상 일기도.

을 덮어 청명하고 바람이 약한 날씨를 예상하였다. 그러나 그들은 기압 마루 자체가 재결성되기 전인 3번째 일과 4번째 일에 일시적으로 약간 나빠질 것을 예상하였다. 반대로 던스터블은 그린란드와 캐나다 북부지방에 위치하고 있던 고기압이 남쪽으로 내려와 매우 차가운 공기를 북대서양으로 몰아넣는 것을 예의 주시하였다. 상층 일기도 상에서도 뉴펀들랜드로부터 스코틀랜드까지 대서양을 가로지르는 열적 경도가 증가한다는 것이 분명했기 때문에 더글러스와 페테르센은 이것이 주 저기압의 발달, 아마도 스코틀랜드의 북쪽 어느 곳에서 일어날 것으로 합의하였다. 침입 해안의 6월 5일 날씨는 이와 비슷하게 강한 바람과 하층 구름이 많이 덮고 있었다.

이들 두 개의 예보 사이에 기상학적인 차이는 언뜻 보기에 크게 차이가 나는 것은 아니었다. 던스터블에서는 저기압 경로가 동쪽으로 이동한다고 생각한 반면 와이드윙에서는 저기압이 북

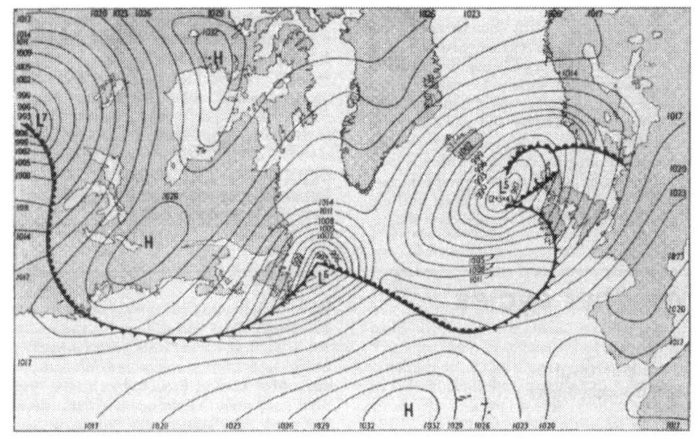

그림 S-2 1944년 6월 4일 1300 GMT에서 기상 상황을 나타내는 지상 일기도.

동쪽으로 선회함에 따라 해협 지역에 기압 마루가 만들어질 것으로 예견하였다. 예보 기간의 처음 이틀(6월 2일)이 지나자 유사 상황에 의존하고 있던 와이드윙에서는 자료가 유용한 40여 년 동안 그 다음 유사 상황을 조사하였지만 실제 근접하는 유사 상황은 존재하지 않았다. 사실 그 뒤에 발달한 저기압은 영국 북부 지방 상공에서 그 시기에 기록된 것 중 가장 발달한 경우였다. 6월 5일 윅[3]에서는 기압이 976.8 hPa로 떨어졌다.

던스터블과 와일드윙 사이의 이런 견해 차이는 6월 2일과 3일까지도 지속되어 스태그가 최고 사령관에게 자문을 행하는 데 많은 어려움을 주었다. 6월 3일 늦은 시간 기상 상황은 청명하게 되었다. 이는 아조레스 고기압 지역이 약화되었고 서쪽으로 편향하였으며 스코틀랜드의 북서쪽에 위치한 저기압이 갑자기 발달

3) Wick : 영국 스코틀랜드 북부의 항구도시이다.

하여 영국제도 상공의 바람은 증가하고 있었다. 처음으로 날씨가 맑아졌고 발달하고 있는 저기압의 한랭 전선은 영국과 침입 해안을 가로질러 남쪽으로 이동하면서 앞뒤 모두에서 강한 바람이 동반되었다(그림 S−2).

6월 4일 오전 4시15분에 드와이트 아이젠하워 장군과 그의 참모들이 함께한 회의에서, 스태그는 자신만만하게 전선 앞의 구름 양은 10/10으로 오랫동안 유지될 것이고 구름 밑면의 높이는 1,500 m이며 바람은 서남서풍이 4 또는 5 때때로 6등급이 될 것이라고 예보하였다. 전선은 5일 상륙 지점을 지나갈 것으로 예상되었다. 이 예보의 설득력으로 인하여 아이젠하워는 공격 시간을 24시간 연기하였다.

6월 5일 월요일 이른 시간 예보관들은 대서양에서 다음 날씨계가 전개되는 것에 동의하였다. 수요일부터 금요일까지의 날씨는 다소 변동이 있긴 하지만 상당히 맑은 기간이 될 것으로 예상하였다. 이와 관련된 이야기는 1971년 발간된 스태그의 책 ≪막중한 임무를 위한 예보(*Forecast for Overload*)≫에서 전부 진술하고 있다. 이 예보에 근거하여 상륙 작전은 6월 6일 화요일에 개시되었다.

6일 아침 시정은 노르망디 해안을 따라 좋아졌고, 하늘에는 구름이 5/10 미만으로 덮여 있었으며, 바람은 서풍 또는 서북서풍으로 풍속은 3에서 4등급이었다. 적에게 노출이 가장 심한 동부 해안에서는 바람과 너울 때문에 약간의 문제가 발생했다. 특히 전날 폭풍으로부터 발생한 너울은 바다를 약간 거칠게 하였다. 그 다음 며칠 동안의 날씨도 약한 북서풍 계열의 미풍이 불면서 불안정하게 계속되었다. 이로 인해 작전이 잠시 동안 방해를 받았지만 곧 구름이 걷히고 시정도 좋았다. 상륙 군대의 병력 증강은 계속 이어졌지만 날씨로 인한 어려움은 없었다.

독일 측 견해로 보면 상륙 작전은 놀라운 일이었다. 그들은 5일의 날씨가 상륙이 불가능할 정도로 좋지 않다고 믿었기 때문에 여전히 날씨가 불안정한 6일에 연합군이 상륙 하리라 예상하지 못했다. 그들은 5일 예보를 성공적으로 분석하는 것이 어려운 일임을 알면서도, 모든 예보관들은 자신이 예보한 날씨가 적절했다고 생각했다.

1장

어니스트 골드

(Ernest Gold, 1881~1976)

새로운 부호 문자를 발명하는 재능을 가진 잉글랜드 기상학자

온도풍이란 용어를 만든 사람

잉글랜드 기상학자인 어니스트 골드는 1881년 농부의 아들로 태어나면서 그는 워릭셔[1] 대가족의 일원이 되었다. 그의 초기 교육은 콜스힐 그래마 스쿨과 버밍엄에 소재한 메이슨 칼리지에서 중등교육을 받았다. 그는 케임브리지 대학교 세인트존스 칼리지에 입학하여 1903년 졸업시험에서 3번째 일급 합격자(Wrangler)가 되었고 그 다음 해에 자연과학 우등졸업시험(Tripos)을 응시하게 되었다.

---

1) Warwickshire : 잉글랜드 중심에 있는 주. 주도는 워릭이다. 10세기부터 행정 단위로 구성되었으며, 노스워릭셔 · 럭비 · 워릭 · 스트랫퍼드어폰에이번 · 너니턴베드워스 등 5개의 행정 구역으로 이루어진다.

영국 기상대 시절

어니스트 골드는 1906년 6월에 영국 기상대에 입사하여 측기 감독관으로 지명되었다. 이 지명은 그의 관심사와 실제 임무를 묶은 것이었다. 지명을 받은 지 얼마 되지 않아, 그는 기상대에 남아 근무하면서, 케임브리지 대학교 세인트존스 칼리지의 특별 연구원으로 선발되었다. 그러나 그 다음 해에 기상 역학 과목의 강사로 지명되어 3년 동안 케임브리지 대학교로 되돌아왔다.

이 자리는 그에게 기본 문제에 대해 연구할 수 있는 기회를 제공하였고 이 기간 동안 그는 '성층권(stratosphere)' 내의 복사 평형에 관한 연구를 수행하여 성층권 내의 등온 조건을 과학적으로 입증하고 설명하는 것에 첫 번째로 성공했다. ≪영국학술원 논문집(Proceedings of the Royal Society)≫에 게재된 그의 논문은 기상학의 고전 중 하나로서 간주되고 있으며 이것은 몇 년 후 영국학술원 펠로가 되는 데 크게 기여하였다.

골드의 주된 관심사와 공식적인 임무는 종관 기상학과 일기예보에 관한 것이었다. 1908년에 골드가 발표한 '기압 경도와 풍력(*Barometric gradient and wind force*)'이란 논문에 대해서 영국의 기상학자인 데이비드 브런트는 "경도풍과 관측풍 사이를 최초로 상세하게 비교한 논문이다"라고 말했다. 1912년 골드의 박사학위 논문인 '국제적인 연과 기구 상승(*The international kite and balloon ascents*)'이 독일 기상학회에서 일등상을 수상하게 되었다. 1910년 기상대로 되돌아온 후 골드는 통계 감독관이란 자리를 부여 받고 여기에서 현재 '기후학(climatology)'이란 용어로 사용되는 분야를 다루었다. 어니스트 골드는 1913년부터 1915년까지 영국 왕립기상학회 부회장으로 활동하였다.

읽을거리… 현대 기상학의 선구자 : 데이비드 브런트

웨일스의 기상학자인 데이비드 브런트(Sir David Brunt, 1886~1965; 그림 1-1)는 1886년 6월 17일 웨일스 몽고메리 주[2] 스테이리틀에서 출생하였다. 그는 10살까지 기숙학교를 다녔다. 그 후 가족이 만머스셔 주[3]로 이사하여 애버틸러리에 있는 중등학교를 다녔다. 1904년 그는 애버리스트위스[4]에 있는 웨일스 유니버시티 칼리지에 입학하여 1907년 수학에서 일등상을 받고 졸업하였다. 그런 다음 케임브리지 대학교 트리니티 칼리지에 진학하여 1910년 수학(Part II)에서 우등생으로 졸업하였다. 1911년부터 1913년까지 케임브리지 대학교 아이적 뉴턴 장학생으로 있었을 때, 그는 천문학에 관심을 가지게 되었다. 케임브리지 대학교 졸업 후, 1913년부터 1915년까지 버밍엄 대학교에서 수학을 강의하였고, 그 뒤 1년 동안 칼리언[5]에 소재한 만머스셔 사범대학에서 수학을 가르쳤다. 1916년 후반 그는 영국 기상대에 근무하였다.

1차 세계대전 중에는 마지막 2년간 육군과 공군을 위해 날씨를 예보하였다. 1차 세계대전이 막 끝난 후, 그는 영국 기상대 산하의 육군 기상대 감독관으로 근무하게 되었다. 그는 이 직책을 1919년부터

---

2) Montgomeryshire : 현재는 포이스(Powys) 주이다.

3) Monmouthshire : 현재는 그웬트(Gwent) 주이다.

4) Aberystwyth: 영국 웨일스 디버드 주에 있는 도시로서 카디건 만 연안에 자리 잡고 있다.

5) Caerleon : 영국 웨일스 동남부, 몬마우스셔 주 남부의 소도시로서 고대 로마의 성채가 있다.

그림 1-1 현대 기상학의 선구자로 불리는 웨일스의 기상학자 데이비드 브런트.

1934년까지 수행하였다. 브런트는 윌트셔[6] 주 솔즈베리시 포튼 다운 소재의 화학 방어 센터(Chemical Defense Establishment; CDE)에 대기 확산에 관한 연구 그룹을 설립하였다. 그와 동시에 그는 그리니치 온도 기록에 대한 '주기도(periodogram)' 분석을 수행하여 뚜렷한 주기성이 없다는 것을 밝혀내었다. 그는 기상역학과 대기복사 분야에 탁월한 연구 업적을 남겼다. 그리고 '세포형대류(cellular convection)'와 환경에 대한 유체의 반응에 관심을 가졌다.

또한 브런트는 많은 과학 논문과 저서들을 출판하기도 했다. 저서 중에는 1917년 출판된 ≪관측 값의 정리 요약(*The combination of observations*)≫과 1942년 초판 인쇄된 ≪날씨 연구(*Weather study*)≫를 들 수 있다. ≪관측 값의 정리 요약≫은 케페우스 형 변광성과 태양물리에 대해 관측 결과를 정리 요약한 것이다. 모든 것들이 훌륭하였지만, 그 중에서도

6) Wiltshire : 잉글랜드 남부의 주로서 주도는 솔즈베리(Salisbury)이다.

1934년 초판 발행한 ≪물리기상학과 기상역학(*Physical and dynamical meteorology*)≫은 영어로 쓰여진 최초의 이론 기상학서로서 고전적인 기상학 교과서이다. 이 책은 1920년대 임페리얼 칼리지에서 방문 강사로 강의한 내용을 요약한 것이다. 1939년에 간행된 개정판 서문에서 그는 '이 책에는 날씨 예보에 대해서는 쓰여 있지 않다.'고 기술했다.

1920년 윌리엄 네이피어 쇼가 기상대에서 퇴직하여 런던 대학교 임페리얼 칼리지의 강사로 초빙되었다. 후에 브런트는 네이피어 쇼의 뒤를 이어 영국에서 처음으로 기상학 전임 교수가 되었다. 그는 1934년부터 1952년까지 기상학과 학과장을 맡았다. 1952년 은퇴한 후, 1952년부터 1959년까지 중앙전기기관의 전기공급연구위원회 위원장이 되었다. 그리고 그는 국제지구물리년(International Geophysical Yera; IGY)의 계획에도 참여하였다. 그는 1965년 2월 5일 사망하였다.

브런트는 1918년 영국 왕립기상학회의 펠로로 선임되었고 1942년 1월부터 1944년 1월까지 학회장으로, 1930년부터 1934년까지 <쿼틀리 저널>의 편집자로 종사하였다. 그는 1933년 영국 왕립기상학회의 '버캔 상(Buchan Prize)'을 수상하였고 1947년 '시먼즈 기념 금메달(Symons Memorial Gold Medal)'을 받았다. 그는 1939년 영국 학술원 펠로로 선출되었고, 1948년부터 1957년까지 물리학 분야 서기, 1949년부터 1957년까지 부원장을 역임하였다. 그는 1944년 영국 학술원 메달을 받았다. 또한 그는 1945년부터 1947년까지 물리학회 학회장으로 활동하였다. 그는 1949년 작위를 받았고, 1954년에는 임페리얼 칼리지의 펠로가 되었으며, 1959년 대영 제국 제2급 훈위(Knight Commander of the Order of the British; KBE)를 수여 받았다. ▮

기상부대 창설

1915년 6월 군사 항공 장관의 요청으로 기상부대(Meteorological Section)가 창설되었다. 이 부대의 목적은 기상 상황 보고자로서 활동시키기 위해서, '로열 항공 회사(Royal Flying Corp)'가 필요로 하는 모든 기상 정보들을 제공하기 위해서, 군사 작전에서 수정 범위를 필요로 하고 공격적이며 방어적인 가스 작전을 위한 기상 통보와 예보에 필요한 정규적인 보고서를 작성하기 위한 것이었다. 프랑스의 작전 수행 지역에 특별한 기상 보고가 없으면, 프랑스에 주둔하고 있는 영국 해외파견군(British Expeditionary Force)은 필요한 기상 정보를 런던에 있는 기상대로부터 직접 공급 받았다. 초기에 프랑스를 돕기 위한 진중 근무의 간부는 기상학자들로 구성되었다. 여기에는 대위 계급장을 단 골드와 상층 바람 관측을 위한 전문적인 보조자들이 있었다. 그들은 총 본부에 머물렀다. 기술적 또는 사무적인 보조는 프랑스 육군에 의해서 제공되었다. 이 부대의 가장 중요한 임무는 곡사포로부터 작열하여 나오는 포탄 탄피의 궤적 꼭대기까지 여러 높이에서의 바람과 온도를 결정하는 것이었다. 이런 자료로부터 '탄도바람(equivalent constant wind)'과 '상당온도(equivalent temperature)'라는 용어가 도입되었다[7]. 1915년 9월 골드는 소령으로, 1918년 중령으로 진급하였다. 이때 그는 'Meteor'로 줄여서 부르던 기상대를 지휘하는 장교였다. 1918년 그는 찰스 더글러스에게 요청하여 그의 부대를 책

---

7) Gold, E., 1955 : The Meteorological Office and the First World War. *Meteorol. Mag.*, 84, 173~178

임지게 하였다. 더글러스는 1944년 던스터블[8]에서 책임 예보관이 되었고 D−Day 일기 예보를 통보한 주요 인물 중의 한 사람이다[9]. 어니스트 골드는 1915년 12월 수훈 보고서에 이름이 올려졌고 1916년 1월 수훈장(Distinguished Service Order; DSO)[10]을 수여 받았으며 1919년 1월에는 대영제국 훈위(Order of the British Empire; OBE)를 수상하였다.

최초의 군사 작전에 최초로 기상학이 영향을 미친 것은 1915년 체펠린 비행선[11]에 의한 동부 연안 도시의 폭격이었다. 그들의 목표물은 런던이었지만, 비행선은 남서 지균풍에 의해서 북과 동으로 이동하였다. 비행선의 조종사가 북해를 통과하고 있다는 사실을 알기 전에는 전혀 몰랐었다. 1917년 10월 19일 체펠린 비행선은 하층의 약한 남풍 계열 바람에서 상층의 강한 북풍 계열로 바뀌는 온난 기단의 효과를 받아들이는 데 실패하였다. 이런 사실로부터 골드가 '온도풍(thermal wind)'이란 용어를 만들어 내었다.

기상 부호

1차 세계대전(1914~1918) 동안, 전신 부호의 결함이 전투 부대와

---

8) Dunstable : 영국 잉글랜드 베드퍼드셔 주의 사우스베드퍼드셔 행정구에 있는 도시로써 칠턴 구릉지대 북쪽 기슭에 자리 잡고 있다.

9) Field, M., 1999 : Meteorologist's profile-Charles Kenneth Mackinnon Douglas, OBE, AFC, MA. *Weather*, 54, 321~327

10) 전투 중에 세운 수훈에 대해 수여되는 영국 훈장을 말한다.

11) 독일의 체펠린(Zeppelin) 비행선 회사가 건조한 경식 비행선. 1차 세계대전에는 벨기에와 영국 공습에 활용되었다.

동반하는 예보관들에게 심각하였다. 전쟁 동안에 부호의 변화와 부호를 사용하는 그 당시의 기상 관측자들을 훈련시키는 것을 제안할 수 있는 상황이 아니었다. 그러나 골드는 프랑스북동부에 있는 관측소에서 사용할 수 있는 확장된 부호를 준비하는 데 도움을 주었다. 일정한 기간 동안 사용한 후, 사용한 부호들에 대해서 연합군의 기상학자들과 논의를 거쳤고 이어서 '국제 항공항법 협정'과 연계된 '만국평화회의'에서도 논의되었다. 골드와 미국 육군 기상대의 블레어(W. Blair) 소령은 국제적으로 독특한 각 관측소를 위한 글자 또는 그림으로 표현되는 '지수 군(index group)'의 원리 공표에 대해서 책임을 가졌다. 통보를 위한 기호의 형태, 현재와 과거 날씨를 위한 부호 형태, 시정을 나타내기 위한 형태들이 골드가 프랑스에 복무하고 있는 동안 실용화되었지만 과거 날씨를 나타내는 오직 한 벌의 그림만이 채택되었고 다른 부분들은 항공기와 비행선을 위한 '비행 타당성(fitness for flying)' 그림으로 대체되었다. 이들은 그 다음 10년 동안 평화 시대 승객 수송에 사용될 수 있는 관점으로 작성되었다. 이런 규약은 4년 후 스위스 브뤼셀에서 개최된 국제항공항법위원회의 집회에서 승인을 받았다. 이 위원회는 기상 분과위원회를 가지고 있어 위원장에 골드를 선출했을뿐만 아니라 국제기상기구의 기상 전신 위원회의 의장 자리도 골드에게 맡겼다[12].

12) Gold, E., 1960 : International meteorology: A Tesserakontal retrospect, 1906~1947. WMO Bull., July, 145~147

영국 왕립기상학회

어니스트 골드는 1926년 영국 왕립기상학회로부터 '시먼즈 기념 금메달'을 수여 받았고, 1934년부터 1936년까지 44대 학회장으로 봉사하였다. 1935년 1월 16일 회원들 앞에서 행한 회장 연설문이 <쿼틀리>저널에 실려 있고, 이 연설문은 여러 사람들에게 '전선과 폐색'의 주제에 기준점(benchmark)으로 간주되고 있다.

불연속이고 때때로 확산되는 것으로 인식되고 있던 전선의 발달과 실체에 대한 내용이 알려짐에 따라, 골드는 이 분야에서 더글러스의 은혜를 입었다고 밝혔다. 동시에 골드는 '전선(front)'이란 용어가 '준정체(quasi-stationary)' 단계를 의미한다고 생각했다. 그는 브런트와 더글러스[13]가 발표한 기압 변화, 연직 운동, 비는 지균풍만으로는 설명할 수 없다는 사실을 참고하였다. 그들은 '지균 차이(geostrophic departure)'와 밀접하게 관련된 운동의 가속도는 종관 분석과 예보에 대단히 중요하다고 지적하였다. 골드는 더글라스에 의해 주목 받은 예 중 비의 속성은 '등기압변화 저기압(isallobaric low)' 속으로 향하는 수렴에 크게 기인한다는 저기압의 예를 참고하였다. 골드는 수렴의 원인들을 찾았고 문제점은 저기압 발달에 대한 논문[14]을 발표한 레저널드 슈트크리프에 의해서 조사되었다. 여러 사람 앞에서 골드는 전선 발생과 전선 소멸의 개념을 정의하였고 저기압 발생의 시초는 지상과 상층 공기가 결합된 곳에서 일어날 것이라고 넌지시 알렸다.

---

13) Brunt, D. and C. K. M. Douglas, 1928 : The modification of the strophic balance for changing pressure distribution, and effect on rainfall. Mem. R. Meteorol. Soc., III, No.22

14) Sutcliffe, R. C., 1947 : A contribution to the problem of development. Q. J. R. Meteorol. Soc., 73, 370~383

2차 세계대전 참전

국제기상기구를 위한 골드의 노력은 2번의 세계대전 동안 주된 책임이었다. 그리고 슈트크리프는 경험을 얻게 되면 2차 세계대전 동안 특별한 기상학적 배치가 요구되는 곳 그곳이 군대이던 민간이던 간에 자기 나라에서 복무하도록 하였다고 기록하였다. 전쟁 초기 동안 골드는 기상학에 대한 중요성의 정도가 군사적으로 변화할 것이라는 것을 알아차렸다. 지상에서의 전투는 더욱더 기동적으로 되고 지상 전투는 공군과 더욱더 밀접하게 연결되어 이것이 또한 전쟁의 주요 인자가 될 것이라 생각하였다. 골드는 본부 참모들이 기상학적 마음을 가져야 그들이 날씨에 적합한 작전을 구상할 수 있다고 강조하였다. 더군다나, 그는 참모들이 신속하게 날씨 장점의 기회를 이용할 마음을 가져 기상 통보관들이 작전에 적절한 조건이라고 제시될 때 그것을 포착해야만 한다고 강조하였다. 또한 골드는 후방 연락선의 중요성을 역설하였다. 첫째 필요한 관측 장비들이 기상학자에게 유용하게 이용되어야만 하고, 둘째 기상 자료가 사용되고자 하는 장소에 기상 정보가 빨리 전달되어야 한다는 것이었다[15).

1942년 11월부터 1945년 5월까지 골드가 기상대의 부대장으로 재직하는 동안, 영국 기상대와 미국 공군 기상대 사이에, 북대서양과 아프리카에서 이루어지는 광범위한 공군 작전을 돕기 위해서 정보를 교환하는 시스템을 확고하게 구축하였다. 1946년 8월 9일 골드는 이 작업의 성공으로 미국으로부터 '자유 메달(Medal

15) Gold E., 1943 : Weather in war. Army Q., III, 190

of Freedom with Silver Palm)'을 수여 받았다. 또한 그는 D－Day 예보에 중요한 역할을 하였다. 1976년 슈트크리프는 골드의 수상은 두드러진 기록을 가지고 있다고 기록했다. 그가 은퇴한 지 10년 이상 된 후인 1958년 '국제기상기구 상'과 세계기상기구에 의해 수여된 금메달은 더 많은 수상을 가능하게 했다. 그는 왕립학회의 총회에서 90세까지 연설하였다. 그가 은퇴한 해인 1947년 '날씨 예보(Weather Forecast)'라는 주제의 '시먼즈 강의(Symons Lecture)'는 영국왕립기상학회에서 청중이 가장 많이 모인 강의 중의 하나였다.

메리 뷰캐넌(Mary Buchanan)[16)]은 1940년 봄 동안 골드의 비서가 되어 골드에 관한 재미있는 2개의 일화를 기록하였다. 골드는 가솔린을 배급 받아서 오래된 알비스(Alvis) 오픈카를 운전할 때 사용했는데 그의 차에는 발판 위에 가솔린 통이 얹어져 있었고 보닛은 가죽 끈으로 묶여져 있었다. 그는 발라클라바 모자[17)]에 크리켓 투수 모자를 달고, 토시, 벙어리장갑, 장갑을 끼고 다녔다. 어느 날 아침, 사무실 지붕 위의 기압계가 움직이지 않는다는 소리를 듣자 마자 그는 정장을 입은 채로 지붕 위의 기둥 위로 올라갔다.

골드는 새로운 부호 문자를 발명하는 재능을 가지고 있었다. 현재에는 잘 사용되지 않는 'baratic', 'pilar', 'adent', 'okta'가 그것들이다. 때때로 골드는 항공성 정보부(Air Minister Intelligence) 조차도 혼동하는 실제 단어들을 사용하곤 했다. 어느 날 아침 메리에게 전화하여 'peas 1800, lentils 0200'이 무슨 뜻인지 물었다. 그

16) Buchanan, M., 1994 : Reminiscences of a very junior member of the Meteorological Office, Victory House, 1940~46. Weather, 49, 181~185

17) balaklava helmet : 귀까지 덮는 방한용 털모자.

녀는 그것이 안개 경보라고 답하였다.

공헌

어니스트 골드는 말씨를 재미있게 구사하는 지식인이었다. 그리고 그는 골프와 브리지 게임을 정규적으로 즐기는 사람이었다. 또한 그는 헴스테드 가든 서버브에서 재주 있는 정원사로서 지역 사회에서 명성을 얻었다. 그와 그의 부인은 이곳에 저택을 소유하고 있었고 교회에 정규적으로 참석하였다. 그는 1976년 1월 30일 94세로 영면하였다.

기상학에 대한 골드의 공헌은 1942년 CB의 수상으로 인정받게 되었다. 그는 출판과 연구뿐만 아니라 수많은 국내와 국제 위원회와 단체의 회원인 기상학자로서 세계적인 명성을 얻었다. 많은 단체들은 골드가 회장 또는 의장으로 있는 동안 그의 지도력으로 성공을 이루었다. 그의 노력, 영향, 지도력은 골드로 하여금 오랫동안 종관 기상학의 발전을 이룩하도록 하였다.

읽을거리... 기상연의 역사

연을 가지고 행한 최초의 날씨 실험은 1749년 스코틀랜드 글래스고 대학교의 학생이었던 알렉산더 윌슨(Alexander Wilson, 1714~1786)과 토머스 멜빌(Thomas Melville)에 의해서 이루어졌다. 그들은 상층 공기가 지면 근처의 공기보다 더 한랭한지 아니면 더 온난한지에 대해서

의문을 가지고 있었다. 그들의 실험에는 연을 날리는 조정 기계가 필요했다. 이 실험은 최초의 기구 비행보다 30년 앞선 것이었고 기상기록계를 장착한 비행기에 의한 날씨비행보다 150년 앞선 것이었다.

윌슨과 멜빌은 6개의 종이 연을 제작하였고 작은 온도계를 각각의 연에 매달았다. 연들이 지상에 충돌할 때 깨어지는 것을 막기 위해서, 개개의 온도계를 헝겊 줄로 싸서 묶었다. 개개 꾸러미는 천천히 타는 퓨즈를 가졌고 하얀 리본이 부착되어 있었다. 연에 꾸러미를 묶었던 실을 통하여 도화선이 타들어감에 따라 하얀 리본은 아래쪽으로 향하는 하강 바람에 따라 나부끼게 된다. 이것이 최초의 과학적인 자료를 얻은 최초의 시도로 기록되고 있다.

윌슨과 멜빌의 실험은 성공적이었다. 그들은 실험 결과를 발표하였으나 그들의 연구는 잉글랜드에서 1825년 윌슨 교수의 논문집이 발간될 때까지 70년 동안 간과되었다. 그리고 이 논문집은 2년 후인 1827년 미국에서 재출판되었다. 미국의 유명한 기상학자인 제임스 에스파이(James Pollard Espy, 1785~1860)[18]는 그 자신이 연을 가지고 날씨 실험을 하던 도중에 윌슨과 멜빌의 연구 결과를 읽게 되었다.

이와 비슷한 시기 잉글랜드의 북극 탐험가인 윌리엄 패리(Captain Sir William Edward Parry, 1790~1855)와 조지 피셔(Reverend George Fisher, 1794~1873)가 수행한 2차 북극 탐험기간 동안(1822~1823년), 그들은 북미의 북동 해안 밖에 위치한 이글루릭 섬에서 연을 이용하여 날씨 관측을 하였다.

1835년 프랭클린 연 클럽(Franklin Kite Club)이 미국에서 결성되었다. 이 클럽은 과학 실험을 위해 연을 날리는 목적으로 1주일에 한 번 모

---

18) '폭풍의 왕'이라 불리는 제임스 폴라드 에스파이는 1785년 5월 9일 미국 펜실베이니아 주 웨스트몰랜드 카운티에서 태어나 1860년 1월 24일 오하이오 주 신시내티에서 사망하였다. 그는 1836년 폭풍의 대류 이론을 개발하였고 1941년 ≪폭풍의 원리(*Philosophy of Storms*)≫를 발간하였다.

임을 가졌다. 1841년 출판된 ≪폭풍의 원리≫의 저자인 에스파이도 이 클럽의 회원이었다. 잉글랜드 큐 관측소(Kew Garden Observatory)의 프랜시스 레이놀즈(Sir Francis Reynolds)와 윌리엄 버트(William Radcliffe Birt, 1804~1881)는 1847년 6면을 가진 연을 개발하였고 도르래 시스템을 이용하여 기상학자들이 연에 기상 측기들을 장착하여 올릴 수 있도록 하였다.

에스파이의 연구, 프랭클린 클럽의 결성, 여러 기상학자들의 연을 이용한 연구는 약 10년 동안 전 세계의 과학자들을 자극시켰다. 불행하게도 날씨 기구의 발명과 사용으로 인하여 연에 의한 날씨 연구는 그 후 40년 동안 거의 빛을 잃게 되었다.

영국의 기상학자인 더글러스 아치볼드(E. Douglas Archibald)는 1887년 연 줄을 대신하여 고강도 피아노 줄의 사용을 도입하였다. 피아노 줄은 앞서 사용되었던 아마로 만든 연 줄보다 강도는 두 배, 무게는 1/4, 가격은 1/20이었다. 그 전에는 철사 줄이 피아노 선으로 사용되었지만 아치볼드는 지상 360 m 상공의 바람을 측정하기 위하여 그의 연에 '바람 측정계(wind meter)'를 부착할 때 강철선을 사용하였다. 또한 아치볼드는 연에 카메라를 달아서 신뢰를 얻게 되었다.

결국 연을 사용하여 날씨 관측을 하는 전성시대가 도래하였다. 그러나 이들 연들은 영국 기상학자들에 의해서 개발된 것 또는 1892년 미국의 기상학자인 알렉산더 맥아디(Alexander George McAdie, 1863~1943)[19]에 의해서 고안된 육면체 가변 연(hexagonal variation kite)

---

19) 1863년 8월 4일에 출생하여 1943년 11월 1일에 사망하였다. 미국의 기상학자로 고층 대기 조건의 탐사에 연을 사용한 선구자이다. 대학을 졸업한 후, 1882년 육군무선통신대에 입대하였고 뒤이어 미국 기상국에 민간인으로 입사하였다. 맥아디는 대기 전기와 오로라 현상과의 관계를 연구하였고 대기 중과 지상 모두에서 위험한 번개에 대해서 기술하였다. 그는 기상학에서 사용되는 단위는 미터법으로 표준화되어야 한다고 믿었다. 맥아디는 미국지진학회의 창시자이고 시에라네바다 산맥에 있는 맥아디 산(4,180 m)은 그의 이름을 따서 지어진 것이다.

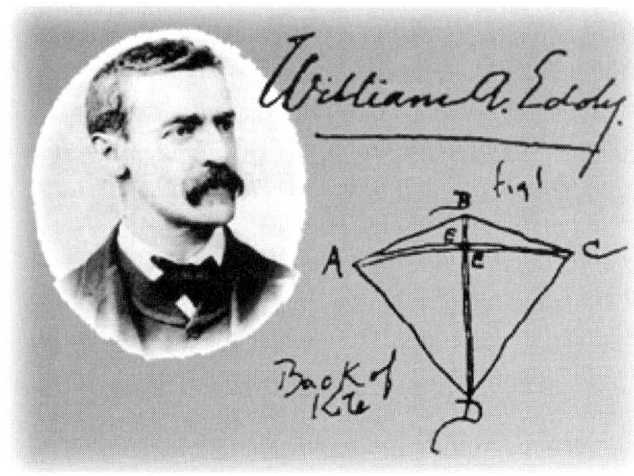

그림 1-2 미국 뉴욕 태생의 윌리엄 에디와 그가 날씨 관측을 위해 고안한 다이아몬드 연.

들은 비교적 불안정하였고 증가하는 날씨 예보의 요구를 대처할 수 없었다. 두 곳에서 거의 동시에 연의 개발이 이루어졌다. 그 중 하나는 1894년 미국의 윌리엄 에디(William Abner Eddy, 1850~1909)가 개량한 다이아몬드 모양의 연(그림 1-2)이었고 다른 하나는 1893년 오스트레일리아의 로렌스 하그레이브(Lawrence Hargrave, 1850~1915)가 개발한 세포 모양의 연으로서 이들은 즉각 실용화되었고 과학 실험용으로 일 반화되었다. 이때부터 20세기 중반까지 날씨 관측용 연 띄우기는 생기가 넘치고, 왕성하게, 지속적으로 이루어졌다.

윌리엄 에디는 1890년 온도계를 달고 올라가는 다이아몬드 모양의 연의 행렬을 사용하기 시작하였다. 그러나 그는 곧 이 연의 한계성을 느꼈다. 에디는 남태평양 원주민에 의해서 수백 년 동안 사용되던 이물을 단 연에 대해서 소문을 듣게 되었다. 비록 그가 아직까지 한 번도 본적이 없는 연이긴 하지만, 그러한 연을 재현하기 위해서 그는 여

그림 1-3 1885년 애보트 로취에 의해서 미국 매사추세츠 주 밀턴에 설립된 사설 블루 힐 기상관측소. 왼쪽 그림은 1885년 설립 당시의 모습이고 오른쪽 그림은 2002년의 모습.

러 가지 형태로 실험을 하였다. 그는 1893년 두 가지 큰 문제를 해결할 수 있었다. 에디는 1893년 시카고에서 열린 '세계 박람회(World's Fair)'에서 일본의 고유한 연을 보았다. 그는 또한 인도네시아에서 귀환하던 도중, 남아프리카의 한 남자로부터, 어느 상인으로부터 들었던 연에 대한 설명을 담은 편지를 받았다. 이런 새로운 정보로 무장한 윌리엄 에디는 말레이시아 연을 채택하여 동일한 규격으로 변형시키고 횡단 막대를 휘게 만들었다. 프랑스에서도 연의 디자인을 향상시켜 간단하고, 가볍게 만들었고 측기에는 자기기록 장치를 개발하여 연을 이용한 날씨 관측을 꽃피우게 되었다.

1894년 8월 동안 윌리엄 에디는 그 연의 효율성을 증명하기 위해서 보스턴에 소재한 블루 힐 기상관측소(Blue Hill Meteorological Observatory; 그림 1-3)[20]에 그의 연을 가지고 갔다.

---

20) 대기의 연구와 측정을 위한 사설 과학 센터로서 애보트 로렌스 로취에 의해서 1885년 보스턴 근교에 설립되었다. 이곳에서는 많은 선도적인 날씨 실험과 발견이 이루어졌다.

애보트 로렌스 로취(Abbott Lawrence Rotch, 1861~1912)는 개인적으로 매사추세츠 주 밀턴에 블루 힐 관측소를 운영하고 있었다. 8월 4일 에디는 연을 이용하여 기온을 자동으로 기록하는 초기 모델을 제작하였다. 그날 총 면적이 9 m^{2}인 에디가 개량한 5개의 연이 약 1 kg의 무게를 지닌 측기를 달고 약 320 m 상공까지 올라갔다. 다음 해에도 블루 힐 관측소에서 측기를 올리기 위해서 행렬을 이룬 에디 연을 사용하였다.

그러나 하그레이브의 상자 연이 날씨 연구에 더욱더 적절하다는 사실이 밝혀지게 되었다. 사실 윌리엄 에디 자신도 1893년 12월 하그레이브에게 편지를 써서 그의 날씨 실험에 상자 연을 사용할 수 있도록 요청하였다. 1895년부터 블루 힐 관측소와 미국 기상국(U.S. Weather Bureau)[21] 모두에서 30년 이상 기상 연구에 상자 연을 사용하였다.

1898년 4월 27일 기상국 최초의 연이 캔자스 주 토페카에서 올려졌다. 1899년 약 60m 간격으로 주된 연줄에 부착되는 상자 연으로 구성된 기상국의 연 띄우는 시스템은 약 300 m 상공에 측정 장비를 안정적으로 올리릴 수 있는 것으로 개발되었다. 강력한 연 시스템을 조절하는 육상 동력은 튼튼한 증기로 작동되는 윈치를 사용함으로써 1896년 이래로 가능하게 되었다. 이 윈치는 윌리엄 톰슨(Sir William Thompson, 1821~1907)이 심해 탐사용으로 개발한 기계를 변형한 것이다. 윈치 줄의 길이는 약 12,000 m이고 굵기는 약 0.76 cm로서 2,400 m 간격으로 꼬여 있었다. 연줄에 가해지는 힘을 측정하기 위해서 윈치 줄에 '검력계(dynamometer)'를 부착하였다.

연이 기상 연구에 사용될 수 있었던 것은 그 당시 미국 기상국 책임자의 안목과 열정에 의해서 빛을 발한 것이다. 기상국의 책임자인 찰스 마빈(Charles F. Marvin, 1858~1943)은 17개의 연 관측소를 개설하

---

21) 1967년에 National Weather Service(NWS)로 이름이 바뀌었다.

여 정규적인 날씨 관측에 사용되도록 하였다. 그리고 윌리스 무어(Willis Luther Moore, 1856~1927)는 1890년대 초반 행렬을 지운 연의 사용을 장려하였다. 이 두 사람은 대기를 탐사하는 데 연의 사용을 권장한 옹호자였다. 또한 마빈은 '자기기상계(meteorograph)'를 고안하여 1896년에 이를 완성하였다. 이 기본 측기의 시험은 연을 사용하여 고도에 따른 기온, 풍속, 습도, 기압 측정으로 수행되었다.

미국 기상국의 책임자로서 마빈의 21년간(1913~1934)의 재임기간 동안, 날씨 관측을 위한 연의 사용은 정밀한 과학으로 자리 잡게 되었다. 연 디자인, 사용된 재료, 띄우는 방법과 내리는 방법, 띄우는 장소, 작동 방법에 대한 상세한 내용들이 정부 명세서에 기록되어 있다.

미국 기상국이 성장함에 따라, 그들은 고도에 따른 날씨 기록으로부터 정확하고 정규적인 보고를 얻을 수 있는 정전기 실험으로 관심을 돌렸다. 이 실험은 날씨에 관계없이 거의 매일 연을 띄웠다는 것을 의미한다. 겨울 동안에는 되감기 전에 연줄에서 얼음과 서리를 제거하였다. 또한 피아노 줄로 사용된 연줄은 녹을 방지하기 위해서 정기적으로 기름칠을 하였다. 이렇게 확실한 유지 보수는 연을 띄우는 것 자체가 낭만적인 생각을 가지도록 하였다.

연과 기구에 측기를 매달아 관측하는 상층 관측에 관한 국제 프로그램이 독일의 기상학자인 휴고 폰 헤르게셀(Hugo von Hergesell, 1859~1938)의 주도 하에 1896년부터 시작되었지만 영국은 이를 무시하였다. 그러나 영국 기상대 대장인 윌리엄 네이피어 쇼는 윌리엄 다인스와 찰스 케이브와 같은 자원 봉사자들을 이 프로그램에 참석하도록 도와주었다. 1904년 헤르게셀 교수는 해상에서 연을 띄워 상층 대기를 최초로 연구하였다. 이 실험은 프린세스 엘리스 II(Princess Alice II) 선상에서 연을 띄워 4,500 m 상공까지 이루어졌다.

20세기가 시작되었을 때, 많은 유럽과 미국 기상국에서는 날씨 연구에 연을 사용하고 있었다. 1902년 잉글랜드의 기상학자인 윌리엄

그림 1-4 잉글랜드의 기상학자인 윌리엄 헨리 다인스가 연을 띄우기 위해 준비하고 있는 모습.

다인스는 그의 동료인 윌리엄 네이피어 쇼와 함께 정부로부터 재정 지원을 일부 받아 일련의 사적으로 연 실험을 수행하였다(그림 1-4). 영국의 최초 연 관측소가 스코틀랜드 서쪽 해안가인 크리넌에 설치되었다. 바람이 강하지 않은 날을 택하여 다인스와 쇼는 바다에서 눈금을 얻기 위해 증기 예인선을 이용하였다. 후에 해군 함정들은 이들의 방법을 채택하였다. 그들은 또한 옥스쇼트와 파이턴 힐에서도 연을 이용하여 날씨 관측을 하였다.

미국에서는 미국 기상국과 블루 힐 관측소와 같은 사설 연구소에서 사용되던 연의 선택은 하그레이브 상자 연이었다. 러시아에서는 사각형으로 구분된 상자 연 대신에 바람에 직면하는 부분은 곡선으로 된 반원형 연을 만들었다. 반면 영국의 연은 다이아몬드 모양이었다.

날씨를 관측하고 모니터하는 다른 연 관측소들이 미국과 유럽의 여러 곳에서뿐만 아니라 1902년에는 유틀란트 반도[22], 1903년에는 스코틀랜드 국립 남극 탐험대, 1905년에는 인디아, 1907년에는 이집트에 설치되었다. 유럽에서 연을 띄우기 위한 최초의 영국 정부 설치 관측소가 덴마크의 최북단에 위치한 비보르크에 세워졌다. 덴마크, 스웨덴, 프랑스의 정부는 관측소 설치에 자문하고 사람을 보내 협력하였다.

오늘날 날씨 관측소에서 연을 가지고 날씨 실험을 하는 경우는 드물다. 예외적으로 콜로라도 주립 대학교의 관측소에서는 연을 이용하여 날씨 실험을 한다. ▮

22) Jutland : 독일 북부의 반도로써 덴마크가 그 대부분을 차지하고 있다.

| 연대기 |

1881	잉글랜드 위릭셔 주에서 태어남
1903	케임브리지 대학교 세인트존스 칼리지를 졸업함
1906	영국 기상대에 들어와 측기 감독관이 됨
1913~15	영국 왕립기상학회의 부회장을 역임
1915	1차 세계대전에 대위로 참전하여 소령으로 진급함
1916	수훈장을 받음
1918	중령으로 진급함
1919	대영제국 훈위를 받음
1926	영국 왕립기상학회로부터 시먼즈 기념 메달을 수상함
1934~36	영국 왕립기상학회 회장을 역임함
1942~45	영국 기상대 부대장으로 근무함. D-Day 예보에 중요한 역할을 함
1946	미국 정부로부터 자유 메달을 수상함
1947	영국 기상대를 은퇴함. '날씨예보'라는 주제로 시먼즈 강의를 함
1958	국제기상기구 상을 수상함
1976	1월 30일 94세로 사망함

2장

찰스 더글러스

(Charles Kenneth Mackinnon Douglas, 1893~1982)

20세기에 가장 훌륭한 종관 예보자로 알려진 스코틀랜드 기상학자

종관 예보를 훌륭하게 수행한 사람

찰스 케니스 매키넌 더글러스는 20세기의 가장 훌륭한 종관 예보자로 많은 사람들에게 알려져 있다. 그는 1893년 5월 29일 스코틀랜드 에든버러에서 케니스 매키넌 더글러스(Kenneth Mackinnon Douglas) 박사의 장남으로 태어났다. 기상학에 대한 그의 관심은 11살 때인 초등학교 시절부터 가지게 되었다. 그는 에든버러 아카데미에서 교육을 받았고 여기에서 최고 생도상을 두 번이나 받아 케임브리지 대학교 킹스 칼리지로 진학하여 수학을 전공하였다.

1차 세계대전 참전

1차 세계대전(1914~18) 동안, 찰스 더글러스는 영국 보병 제1연대에 임무를 부여 받았지만 곧 영국왕립비행단으로 전속되어 이곳에서 그는 전투기 조종사로서 전투 비행 훈련 동안 심각한 추락 사고를 당하기도 하였다. 1916년 5월과 6월 사이 의무 비행을 하는 동안 당시 중위였던 더글러스는 사진을 찍고 구름과 날씨 현상을 연구하는 좋은 기회를 가지게 되었다[1). 그리고 그는 이런 작전에서 출중한 재능을 나타내게 되었다. 구름의 변화하는 패턴은 그에게 대기의 물리 과정과 예보 업무의 가치에 대한 통찰력을 제공하였다.

더글러스의 주된 관측은 2,438 m 고도로 한정되었지만, 드문 경우 3,048 m 상공에서도 얻었다. 아네로이드 기압계와 온도계는 완전히 정확하지는 않았다. 왜냐하면 온도계는 바람에 전체가 노출되어 온도 변화에 반응하였기 때문이다. 고도계와 아네로이드 기압계의 눈금 모두를 사용하여 더글러스는 경계층 위의 풍속을 측정할 수 있었다. 그는 지상풍과 상층풍 사이에 편차를 알아차렸고 그는 불안정도에 따라 온도 연직 분포의 지식이 예보관들에게 유용하다는 것을 증명하게 되었다. 오직 기압 분포에 기초한 예보만으로도 때때로 천둥의 가능성을 알게 되었다. 온도 경도가 안정일 때는 천둥칠 기회가 저 멀리 있었다. 더글러스는 불안정도가 뇌우 전에 뚜렷하게 존재하면 뇌우 발생에 확신을 가

---

1) Douglas, C. K. M., 1916 : Weather observation from an aeroplane. J. Scottish Meteorol. Soc., 17, 65~73

지고 예측할 수 있다고 느끼게 되었다. 이런 이유로 더글러스는 대기 변화의 법칙을 이해하고 예상 방법을 시험하기 위해서 매일매일 대기 조건을 3차원으로 연구하기 시작하였다.

적극적으로 군 복무를 하던 중에 더글러스는 다섯 번이나 부상을 당하여 공군 십자 훈장을 수여 받았고 대위로 진급하였다. 그는 논문을 발표하여 프랑스에 주둔하고 있던 영국 기상대 지휘자 어니스트 골드 중령의 관심을 끌게 되었다. 1918년 골드는 그가 새롭게 창설하고자 하는 기상 비행대를 더글러스에게 부탁하여 맡기고자 하였다.

세계대전 전에 상층 대기 관측의 이용도가 점차 증대됨에 따라, 상층 대기의 온도 패턴과 지상에서 온도 패턴과의 상관관계를 통계적으로 조사하는 것이 촉진되었다. 그리고 전쟁 동안에는 앞서 조사되지 못했던 날씨 현상과 거의 경험하지 못하였던 예보 문제점에 기상학자들이 봉착하게 되었다. 상층 대기의 기상학에 대한 연구의 필요성이 가장 큰 당면 과제였기에 1918년 5월부터 1919년 5월까지 더글러스는 비행기를 이용하여 상층 대기의 온도와 습도 관측을 프랑스 북동부 지방에서 수행하였다[2]. 이 기간 동안, 그는 저기압 중심 부근의 기온과 습도의 분포를 조사하기 위해서 골드에 의해 이루어진 연과 기구 부양으로부터 얻어진 자료에서 해당되는 예들을 선별하였다.

이러한 연구들은 기단의 경계를 확인하는 수단을 찾기 위한 것이었고 또한 날씨 변화에 대한 상층 대기의 온도 변동과의 관

2) Douglas, C. K. M., 1919 : The use of aeroplanes in meteorology. Symons's Meteorol. Mag., 54, 127~130, 145~148

계를 찾을뿐만 아니라 상층 대기의 변동을 일으키는 기류의 근원을 찾기 위한 것이었다. 더글러스는 '기온감률(lapse rate)'을 분석하였고, 상층 구름 표류를 관측하였다. 기온감률은 대기의 일반적인 열적 구조의 아이디어를 제공하였다. 그리고 상층 구름 표류로부터 그는 기단의 과거 역사와 아래쪽 지표면에 의한 변질을 주목하여 상층 대기 흐름의 기원을 추론하였다. '유적(trajectory)'에 대한 쇼와 렘퍼트의 연구[3)]와 공기의 흐름에 대한 그들의 강조는 이런 연구를 가능케 하였다. 그러나 이것은 단지 기단의 일반적인 면만을 제공하였다. 더글러스는 한대와 적도 공기 사이 불연속면의 경사를 4,267m 고도 이상에서 여러 번 발견하였다. 이 당시 이 고도는 비행기가 도달할 수 있는 최대 고도였다. 그리고 구름과 상층 바람의 관측은 불연속이 훨씬 높은 고도까지 확장된다는 증거를 제공하였다.

'온도풍'이란 용어는 세계대전 동안 체펠린의 경로를 결정하는 지상 일기도로부터 상층 바람을 예측한 골드에 의해서 1917년에 처음으로 사용되었다. 그리고 거의 50년 전에 언급한 윌리엄 클레먼트 레이(William Clement Ley, 1840~1896)[4)]와 같이 더글러스는 권운에 대한 그 자신의 관측으로부터 저기압 내의 상층 기류는 저기압의 중심으로부터 편향되었다는 것을 발견하였다. 이는 온도풍의 존재를 지적하는 것이었다. 경압 지대에서 더글러스는 만약 온도와 기압 사이의 상관관계가 깨어진다면 중요한 발달(예, 저기압 발생)이 일어난다는 것을 발견하였다. 그는 저기압의

---

3) Shaw, W. N. and R. G. K. Lemphert, 1906 : *The life history of surface air current*. Meteorological Office, M. O. 17

4) 잉글랜드의 기상학자로서 구름 연구 분야의 대가로 간주되고 있다.

기압골과 고기압의 기압 마루 모두는 일반적으로 지상보다 상층이 더 서쪽에 놓여 있다는 점을 지적하였다. 이는 현대 진단 분석에 주요 인자로 알려지게 되었다.

전선 이론의 시작

1920년 여름 동안, 기상 역학의 선구자인 노르웨이의 기상학자 빌헬름 비야크네스는 노르웨이의 베르겐으로 영국 기상대장인 윌리엄 네이피어 쇼를 초청하여 노르웨이 기상학자들의 새로운 아이디어를 논의하였다. 네이피어 쇼가 동반한 기상학자 중에는 골디(A. H. R. Goldie), 루이스 리처드슨(Lewis Fry Richardson, 1881~1953)[5], 찰스 더글러스가 포함되어 있었다. 더글러스는 구름 사진과 스코틀랜드에서 관측된 온도 섭동의 기록을 슬라이드로 보여주었다. 이 슬라이드에는 전선에 대한 관련 자료와 전선에 동반되어 나타나는 구름들이 있었다. 그리고 복잡한 다층 형태를 함께 가지는 전형적인 고층운과 난층운 구름들의 일부를 설명하였다.

30년 전, 더글러스는 비록 베르겐 학파의 기본 아이디어가 3차원이었다 하더라도, 한대 전선 기상학과 관련된 노르웨이 기상학자들의 광범위한 기술 채택은 지상 일기도에서만 적절하다는 것을 느꼈다[6]. 그 당시는 지상 일기도 만이 유일하게 사용되었다. 강우량과 폐색 과정에 대한 강조는 공기의 상승은 근본적으로

5) 잉글랜드의 수학자 겸 기상학자로서 수치예보의 선구자로 유명하다.

6) Douglas, C. K. M., 1952 : Reviews of modern meteorology-4. The evolution of 20th-century forecasting in the British Isles. Q. J. R. Meteorol. Soc., 78, 1~21

일어나고 침강과 역학적인 온난화는 곧 일기도 상에 나타난다는 의미였다. 더글러스는 전선 불연속성은 지상보다는 상층 대기에서 종종 더 평활하게 나타난다는 것을 깨닫게 되었다. 그 당시에는 이런 모습을 중요하게 고려하지 않았다. 그는 노르웨이 기상학자들은 불연속의 면에는 관심을 덜 가지고 발산과 소용돌이도의 일반화된 문제에 더 관심을 가진 것으로 믿었다. 상층 자료가 이용될 때까지는 소용돌이치는 3차원 문제에 적용할 수 없었기 때문에 이것이 실제 발달에 영향을 준다고 할 수는 없었다. 불연속 면의 정확한 상태는 여전히 의문점이 많다. 일부 초기 저기압은 비록 복잡한 양상을 나타내면서 그러한 불연속면이 대류권계면까지 확장되지만 다른 경우는 그렇지 못하며 이들 움직임의 차이는 존재하지 않는다. 이것이 경압 지대에 대한 현대적인 설명에 주된 이유가 되었다.

1989년 로버트 프리드먼(Robert Marc Friedman, 1949～)[7)]은 1919년 11월 베르셰론과 그의 동료들 모두가 폐색 과정에 대한 그들의 가설적인 설명에 대해서 어떠한 중요성도 고려하지 않은 이유에 대해서 설명하였다. 만약 그것이 실제로 존재하였다 하더라도 그들은 이 현상의 정확한 특징을 정의할 수 없었다. 그러나 1920년에 베르겐 기상학자들은 이 과정을 받아들이게 되었다. 그 다음 해인 1921년 이 주제는 그들 사이에서 빈번하게 논의되었고, 저기압 진화에 대한 모델을 구축하는 열쇠로 그들에게 제공되었다. 그림 2－1은 1922년에 그려진 폐색을 나타낸 지상 일기

---

7) Friedman, R. M., 1989 : Appropriating the weather. Vilhelm Bjerknes and construction of a modern meteorology. Cornell University Press, London, 156

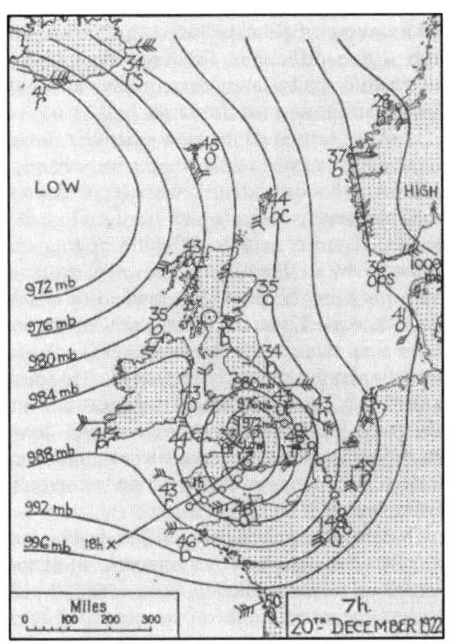

그림 2-1 1922년 12월 20일 0700 h 지상 일기도로서 폐색의 선과 전날 밤 동안의 경로를 나타내고 있다.

도이다. 충분한 경험적인 증거가 부족한 상태에서 설명되어 더글러스는 처음에 회의를 가진 것으로 보이지만 1925년 그는 이 과정을 굳게 믿었다.

읽을거리... 종관 기상학자의 창시자 : 빌헬름 비야크네스

노르웨이의 물리학자·기상학자로서 종관 기상학의 창시자인 빌헬름 프리만 코런 비야크네스(Vilhelm Frimann Koren Bjerknes, 1862~1951;

그림 2-2 노르웨이의 기상학자인 빌헬름 비야크네스로서 종관 기상학의 창시자이다.

그림 2-2)는 노르웨이의 크리스티아니아(현재 이름은 오슬로이다)에서 1862년 3월 14일에 출생하였다. 그의 아버지인 카를 안톤 비야크네스(Carl Anton Bjerknes, 1825~1903)는 크리스티아니아 대학교의 응용 수학과 전임 강사였다. 1880년 노르웨이에서 대학교를 마친 후, 빌헬름 비야크네스는 파리에서 고전 역학과 전자기학을 수학하였다. 그는 프랑스의 유명한 수학자인 쥘 앙리 푸앵카레(Jules Henri Poincaré, 1845~1912)의 교실에서 공부하였다. 그는 프랑스 파리로부터 독일 본으로 이사하였고 유명한 물리학자 하인리히 헤르츠(Heinrich Hertz, 1857~1894)의 조수가 되어 전자기파의 연구를 도왔다. 1885년 스톡홀름 대학교의 응용 역학과 수리 물리학 교수가 되고 나서 대기와 해양의 대규모 운동에 적용할 수 있는 유체 역학과 열역학을 종합한 순환 이론을 발견했는데, 이 이론은 현대 날씨 예보에 필수적인 대기 이론이 되었다. 1902년, 빌헬름 비야크네스는 지구 물리학으로 전공을 바꾸었다. 그리고 1894년부터 1907년까지 빌헬름 비야크네스는 스톡홀름의 호스콜라 대학의 응용공학부와 스톡홀름 대학교의 교수를 겸임하였다.

1897년 7월 4일 빌헬름 비야크네스는 교육부 장관을 지낸 유명한 행정관의 딸인 소피 호노리아 본네비(Sofie Honoria Bonnevie, 1864~?)와 결혼하였다. 본네비는 자연 과학을 전공하는 학생으로 빌헬름 비야크네스의 아버지인 카를 안톤 비야크네스를 따르던 대학생이었다. 그들 사이에는 4명의 아들을 두었다.

야코브가 태어난 해인 1897년, 빌헬름 비야크네스는 비야크네스 순환 이론을 발견하였다. 이 이론은 이상적인 유체 내에서 이루어지는 소용돌이 보존에 관한 헬름홀츠와 켈빈의 이론을 비균질 유체 내에서 발생하는 소용돌이 형성으로 일반화 한 것이었다. 이 이론을 통해 빌헬름 비야크네스는 비균질 유체의 운동을 지배하는 정역학과 열역학 방정식의 완전한 세트를 가지게 되었음을 깨달았다. 그는 스웨덴 동료들의 격려에 힘입어, 대기와 해양에 그의 이론을 적용하였다. 나아가 그는 수리 물리학의 초깃값 문제와 지배 방정식을 수치 또는 그래프 적분으로 수행해야만 하는 날씨 예보에까지 범위를 넓혔다. 그를 격려한 사람 중에는 유명한 화학자인 스반테 아레니우스(Svante August Arrhenius, 1859~1927)와 해양학자인 오토 페테르손(Otto Pettersson, 1848~1941)이 있었다. 이것은 물리계를 대기로 취급한 것 뿐 아무것도 아니었지만 그 당시 이것은 혁명적인 아이디어였다.

1904년 빌헬름 비야크네스는 '역학과 물리학에서 하나의 문제인 날씨 예보(*Weather Forecasting as a Problem in Mechanics and Physics*)'란 제목의 논문을 발표하였다. 이 논문에서 비야크네스는 날씨 예보를 할 수 있는 절차를 계획하였다. 그는 계속해서 일어나는 대기 상태는 물리 법칙에 따라 앞서의 상태로부터 발달한다고 주장하였다. 날씨를 예보하기 위해서는 대기의 초기 상태와 법칙들을 알고 있어야만 하였다. 또한 비야크네스는 대기의 상태를 적절하게 기술하기 위해서는 기본적인 날씨 요소(기압, 기온, 습도, 바람)들을 전 세계적으로 관측해야 할 필요성이 있다고 인식하였다.

빌헬름 비야크네스는 1905년 미합중국을 방문하였다. 이때 미국 기상학자인 클리블랜드 애비는 조금씩 이름이 알려질 무렵이었다. 그는 워싱턴 디시에서 강연을 하였다. 여기에서 그는 과학적인 날씨 예보의 전망에 대해서 설명하였다. 이 강연은 열광적으로 받아 들여져 워싱턴의 카네기 연구 재단으로부터 매년 연구비를 수여 받게 되었다. 2차 세계대전까지 이런 관계는 유지되었다. 그는 이러한 연구비를 상당한 연구 조원들을 고용하고 교육시키는 데 사용하였다. 그들 모두는 유명한 지구물리학자들이 되었다. 또 1906년 기압의 단위로서 mmHg 대신 밀리바(millibar: 기호 mb)를 제안하였다.

그는 1907년 크리스티아니아 대학교의 교수직을 수락하며 노르웨이로 돌아왔다. 1910년과 1911년 그와 3명의 조수[8]들은 카네기 연구 재단의 지원으로 ≪기상 역학과 수계 지리학(*Dynamic Meteorology and Hydrography*)≫을 간행하였다. 독일 사람들은 이 책에 감명 받아 빌헬름 비야크네스에게 라이프치히 대학교에 새로 설립할 지구물리 연구소의 소장을 제안하였다. 1912년 빌헬름은 이 제의를 받아들였고 1913년 라이프치히로 이사하였다.

라이프치히 지구물리 연구소는 성공적으로 출발하였다. 빌헬름 비야크네스는 그의 조수인 시오도르 헤셀베르크(Theodore Hesselberg)[9]와 하랄 스베드럽(Harald Ulrik Sverdrup, 1888~1957)[10]을 데리고 왔다. 이외에도 여러 명의 독일 박사과정 학생들이 있었다. 그중에는 빌헬름 비야크네스의 뒤를 이어 소장이 된 로베르트 벤거(Robert Wenger)도 포함되어 있었다. 1차 세계 대전이 발발함에 따라, 많은 독일 학생들과 직원들이 전쟁으로 나가게 되었다. 스베드럽과 헤셀베르크도 떠나

8) 스웨덴의 기상학자인 요한 산드스트룀(Johan W. Sandström), 노르웨이인 올라프 데빅(Olaf D. Devik)과 시오도르 헤셀베르크(Theodore Hesselberg)이다.

9) 후에 노르웨이 기상 연구소 소장이 되었다.

10) 후에 미국 스크립스 해양 연구소 소장이 되었다.

게 되어 빌헬름은 연구를 위해 많은 도움이 필요했다. 그래서 그는 노르웨이 대학교에서 공부하던 그의 아들 야곱을 부르게 되었다. 그와 함께 노르웨이 대학교의 학생이었던 할보르 솔베르그(Halvor Solberg, 1895~1974)도 동행하였다.

전쟁이 계속됨에 따라, 라이프치히 지구물리 연구소의 사정은 노동력과 식품 부족으로 아주 나빠졌다. 프리드쇼프 난센(Fridtjof Nansen, 1861 – 1930)과 뵈욘 헬란-한센(Bjørn Helland-Hansen, 1877~1957)[11)]의 중재를 통하여, 빌헴름 비야크네스를 위한 교수직이 서부 노르웨이 베르겐에 신설되었다. 그 당시 베르겐에는 대학교가 없었지만 과학 학부 설치를 위한 계획은 수립되어 있었다. 그리고 베르겐 박물관이 그러한 개발에 핵심으로 관여하고 있었다. 더구나 비욘 헬란-한센은 베르겐 박물관에서 해양학 교수의 직함을 가지고 있었다. 그는 오랫동안 해양 연구에서 국제 강좌를 열고 있었다. 1917년 베르겐 박물관에 빌헬름 비야크네스를 위한 교수직을 가진 새로운 지구물리 연구소의 설립은 베르겐에 학술적인 환경을 강화하는 데 중요한 단계였다.

대부분 그의 업적은 1917년부터 1926년까지 세계에서 가장 중요한 기상 연구를 수행한 '베르겐 지구물리학 연구소(Bergen Geophysical Institute)'의 교수로 있으면서 이루어졌다. 1921년에 발표한 유명한 ≪대기 소용돌이와 파동 운동에 적용되는 원형 소용돌이의 역학에 관하여(*On the Dynamics of the Circular Vortex with Applications to the Atmospheric Vortex and Wave Motion*)≫란 저서도 이 시기에 이루어졌다. 이제는 고전이 되어 버렸지만, 이 책에서 그는 연구의 중요한 부분들을 상세히 기술하고 있다. 비야크네스는 그래프 방법을 도입하여 날씨 예보의 문제를 실용적인 형태로 조사하였다.

그래프 분석과 계산의 토대는 1913년 발간된 ≪기상 역학과 수계

---

11) 노르웨이의 해양학자로서 현대 해양학의 선구자이다. 그는 해양의 물리 구조와 역학을 연구하였다.

지리학≫의 2권에서 비야크네스와 동료들에 의해서 베르겐 전선 이론이 확립되었다. 그 후 그는 1926년 오슬로 대학의 교수로 지내며 1932년 은퇴할 때까지 그곳에서 연구를 하였다. 그의 아들 야코브 비야크네스와 그의 조수인 할보르 솔베르그와 토르 베르셰론과 함께 기상학의 '베르겐 학파'를 구축하였다. 이 학파는 현대 종관 기상학의 발달에 기여하였다. 빌헬름 프리만 코런 비야크네스는 1951년 4월 9일 오슬로에서 사망하였다. ▮

영국 기상대 시절

스코틀랜드 기상학회의 많은 회원들이 1921년 영국 왕립기상학회로 흡수되기 전에 더글러스는 1919년 11월 19일 영국 왕립기상학회의 펠로로 선출되었다. 그는 1927년 1월 19일에 개최된 영국 왕립기상학회의 연차 총회에서 강우의 원인에 대한 이해로 그의 공헌을 인정받아 버캔 상[12)]을 받았다. 그는 이 상을 겸손하게 받아들였고, 강우의 문제에 관한 그의 초기 논문에서 할당된 지면이 여전히 당면하고 있는 문제의 복잡성에 비교해 보면 작다고 생각하였다.

1925년 더글러스는 영국 기상대에서 예보관으로 일을 시작하였다. 그의 논문 중 두 편[13)]은 연속적으로 비가 내리는 지역에

12) 스코틀랜드 기상학자인 알렉산더 버캔(Alexander Buchan, 1829~1907)을 기념하여 영국 왕립기상회가 제정한 상이다.

13) Douglas, C. K. M., 1929 : Some aspects of surfaces of discontinuity. Q. J. R. Meteorol. Soc., 55, 123~147
Douglas, C. K. M., 1934 : Some problems of modern meteorology, No. 14-The problem of rainfall. Q. J. R. Meteorol. Soc., 60, 143~152

소나기와 뇌우의 발달을 충분히 설명한 최초의 것이었다. 이들 중 첫 번째 논문에서 더글러스는 전선의 특성을 약간 논의하였고 동시에 종관 기상학에서 그들이 가지는 본질적인 중요성을 인정하면서 또한 그들의 복잡성도 인정하였다. 초기 논문에서 그는 전선 부근에 이루어진 적절한 상층 대기 관측의 결핍을 애석하게 생각하였다. 그러나 구름과 비는 '측풍 기구(pilot-balloon)' 관측의 기록을 방해하였고 이들은 영국 공군은 '강수(precipitation)'가 계속되는 동안에도 기상 비행을 성공적으로 이루어내었다 하더라도 비행기 운항은 어려웠다.

더글러스는 전선이 발생하는 주된 원인을 커다란 저기압과 고기압에 관련되어 나타나는 수평 공기 이동으로 찾을 수 있다는 점을 피력하였다. 전선은 발원지와 특성이 매우 다른 기단을 함께 이끌었다. 균등 지역 사이의 전이는 매우 대조적으로 일어나거나 거의 존재하지 않게 된다. 그러므로 전선대의 성질이 측면 지역으로 확장되거나 반대로 매우 좁은 지역으로 한정되게 될 것이다. 수송 되는 동안 일어나는 변질과 하층 대기 내에서 국지 날씨 인자들의 효과는 정확한 확인을 하기 위해서 기단 상층 내의 상태를 조사하는 데 필요하게 된다.

저기압은 종종 전선을 따라 배열되는 체계적이고 복잡한 구름 패턴에 의해서 특성이 지워진다는 사실을 더글러스는 인식하였다. 이곳에는 집중적인 수평온도 경도의 온난 가장자리를 명시하였다. 지상 관측으로부터 더글러스는 전선의 특성이 영국 제도를 횡단할 때 상당히 변한다는 사실을 발견하였고 전선이 가파르게 되는 하나의 원인이 전선대 내의 공기가 위쪽으로 옮겨질 때 발생한다고 주목하였다. 이런 경우 수렴이 일어나 강수 현상이 발생하였다. 반면 발산과 침강이 존재하는 경우 전선은 평활하게 되었다. 이런 사실에 대한 더 나은 간파는 1928년 브런트와 더글러스[14)]에 의해 발표된 논문에서 분명하게 밝혔다. 이 논문에서 전선에서의 수렴은 기압 분포의 변화가 전선의 서로 다른 면의 위치 사이에서 나타나는 지균풍의 벡터 차가 증가할 때 발생한다는 점을 밝혔다. 브런트와 더글러스는 기압 변화, 연직 운동, 비는 지균풍의 용어만으로 설명할 수 없다고 논증하였다. 그들은 지균풍의 차이가 중요하다는 점을 지적하였고 이런 비지균 성분과 공기의 가속도가 관계있다는 점을 강조하였다. 이에 더하여 그들은 비지균풍은 기압장과 기압장의 변화로부터 추정될 수 있음을 밝혔다. 지균값으로부터 바람장 편차와 매우 밀접하게 연관된 운동 가속도의 연구는 종관 분석과 예보에 매우 중요하였다.

베르셰론의 아이디어에 따라 더글러스는 지표면 마찰이 전선의 뾰족한 정도를 결정하는 데 또한 중요한 인자가 된다는 점을 고려하였다. 지표면 마찰은 전선의 뾰족한 정도를 감소시킬뿐만 아니라 경계층 내의 소용돌이도를 감소시키기 때문에 주위 환경에 따라 저기압성으로 또는 고기압성으로 일을 하게 한다. 이외에도 더글러스는 마찰이 경계층 위의 공기층에 또한 영향을 미칠 것이라고 인식하였다. 지표면 마찰은 저기압성 소용돌이도를 가지는 지역 내의 경계층 꼭대기에서 공기를 상승하도록 한다. 그는 그러한 마찰은 전선을 따라 수렴과 강우 현상을 일으킨다는 것을 발견하였다. 그러나 비의 양이 많아지는 경우는 수렴이

14) Brunt, D. and C. K. M. Douglas, 1928 : The modification of the strophic balance for changing pressure distribution, and its effect on rainfall. *Mem. R. Meteorol. Soc., V, III, No.* 22

수 천개로 확장되는 경우에만 발생한다. 이런 경우는 온난 전선에서 공기가 경사진 전선면 위를 한꺼번에 올라가는 경우이다. 더글러스의 견해에서 이런 호우성 강수는 1939년에 레저널드 슈트크리프에 의해서 연구된 발달과 관련된다. 연안 관측소에서 수행된 관측으로부터, 더글러스는 또한 마찰 수렴의 경우를 주목하였다. 이런 경우 등압선과 바람 벡터가 이루는 각 편차는 아래 지표면의 거칠기에 따라 증가한다. 저기압의 일생 역사에 대한 더글러스의 접근은 색다른 것이었다. 왜냐하면 그는 개개 저기압을 선택하여 모든 것을 알아내도록 시도하였기 때문이다.

예보관으로서 더글러스의 능력은 두 번의 세계 대전 동안 확립되었다. 그 당시에 예보관을 안내하기 위한 것으로는 연속되는 지상 종관 일기도 밖에 없었다. 개개 예보관들은 그 자신의 경험과 전임 예보관의 경험에 의해서 종관 시스템이 어떻게 이동하고 발달하는지를 습득하였다. 영국에서 예보관을 실습시키는 경우, 예보관은 먼저 전날의 일기도를 작성하여 다음 날 일기도에 나타날 사항들을 평가하고 다가오는 날씨 조건들을 추론하도록 하였다. 오늘날에 보면 아주 원시적인 방법이지만 더글러스는 여러 방법에 입각하여 예보를 하였다. 이 방법은 그의 무한한 개인적인 기술과 비상한 기억에 결합된 판단으로 종관 상황과 장소를 인식하는 것이었다.

D-Day 예보

1944년 6월 프랑스 북부 지방인 노르망디에서 감행한 상륙 작전 개시일 이전과 작전 동안의 기상학적 사건은 연대장이었던 제임스 스태그의 책(1971)[15] ≪막중한 임무를 위한 예보≫에서 언급되어 있고 더글러스 자신에 의한 설명은 1952년 <기상 잡지(Meteorological Magazine)>에 발표되어 있다[16]. 1943년 스태그는 연합 원정군 최고 사령관의 수석 기상 자문역으로 지명되어 상륙 작전 개시 일(D-Day)에 대한 예보 임무를 책임지게 되었다. 스태그의 임무는 가능한 앞선 포괄적인 기상 브리핑을 하는 것이었고 공격 개시일에 대한 영국과 미국 측의 상반된 예보를 융합시키는 것이었다[17]. 또한 1943년 재능 있는 노르웨이의 기상학자인 스베레 페테르센이 던스터블에 소재한 상층 대기과를 책임지고 있었다. 여기서 더글러스 자신은 1944년 상급 예보관이 되었다.

지극히 중요한 정보가 영국 기상대와 미국 군사 진영을 통하여 정규적으로 보급되었다. 폭격 편대의 작전은 예보 센터 사이의 전화 회의를 필요로 하던 때에 더글러스의 관측은 수년 동안 높게 평가되었다. 스베레 페테르센은 주로 상층 대기 분대의 자료를 이용하여 일반 항으로 5일 예보를 하였다. 그러나 더글러스는 그 당시에 드문 경우를 제외한 유용하고 근본적인 추측 방법을 사용하여 36~48 시간 예보를 시도해야 한다는 견해를 가지고 있었다. 반면에 미국 측은 유사 기법을 이용하여 이미 6일 예보를 시도하고 있었다. 스태그는 미국과 영국팀 사이의 일기 예보를 편견 없이 조화시키는 힘든 임무에 봉착하였다. 그럼에도 불

---

15) Stagg, J. M., 1971 : Forecast for Overload. Ian Allen(Publisher), Addlestone

16) Douglas, C. K. M., 1952 : Forecasting for the D-Day landings. *Meteorol. Mag.,* 81, 161~171

17) Ratcliffe, R. A. S., 1994 : Pen portraits of Presidents-Dr J. M. Stagg, CB, OBE, FRSE. *Weather,* 49, 187~188

구하고 스태그의 경험으로부터 더글러스의 견해가 가장 합당하다고 믿고 있었다.

막중한 순간은 유럽 대륙에 상륙시키는 병력에게 중요한 문제인 예보로서 다가왔다. 이것을 로버트 래트클리프[18]는 '기상 서사시(meteorologic epic)'로 설명하였다. 스태그는 기지를 발휘하고 높은 수준의 기상학적 전문성을 발휘하여 그는 아주 훌륭한 방법으로 임무를 수행하였다. 그러나 공격 개시일 예보의 배후에 중요한 역할을 한 사람은 더글러스였다. 페테르센에 의해서 도움을 받아 더글러스는 영국 팀을 이끌었고 이런 공적으로 그는 OBE[19]를 수여 받았다. 예보관들은 두 나라 기상 팀간의 접근으로 예보의 성공을 이끌어 내어 명성을 날렸다. 그 당시 이는 세계 역사상에 가장 중요한 사건으로 고려되었다.

2차 세계대전 동안 더글러스에 요구된 막중한 책임감으로 인해 그는 때때로 이상한 행동을 하곤 하였다. 버슨[20]의 기록에 의하면, 그는 근무 중에 갑자기 두 줄의 책상 주변을 달리곤 하였다. 버슨은 이것이 스트레스뿐만 아니라 영국왕립비행단 시절 비행기 추락 사고의 기억일 것이라고 넌지시 말하였다. 또한 버슨은 종관 상황에 대한 더글러스의 경이적인 기억을 회고하였다. 예를 들면 1944년 초, 작은 저기압이 북서쪽에서부터 비스케이만 쪽으로 이동하고 있었으나 영국 제도에는 별로 위협이 되지

18) Ratcliffe, R. A. S., 1994 : Weather forecasting for D－Day, June 1944. *Weather,* 49, 198～202

19) Officer of the British Empire의 약자로서 대영제국 제4급훈작사이다.

20) Berson, F. A., 1991 : Clouds on the horizon: Reminiscences of an international meteorologist, *Bull. Am. Meteorol. Soc.,* 72, 205～207

않는 것으로 생각되었다. 그러나 더글러스는 1935년 11월에 이와 비슷한 상황에 근거하여 북부 아일랜드에 눈을 예보하였다. 다음 날 종관 상황이 분석되었을 때 이 예보가 완전히 정확하다는 것이 밝혀졌다.

전쟁 이후 시기

종전 후 더글러스는 정신적인 불안정 문제가 진정되어 존 하딩(John Harding, 1911~1985)[21]과 공동 저자가 되어 논문을 발표하였다[22]. 이 논문에서 그들은 1945년 7월 14일과 15일에 발생한 뇌우는 1923년 7월 9일과 10일 야간에 발생한 뇌우 이후 잉글랜드에 영향을 미친 가장 악 뇌우였다고 밝혔다. 7월 14일 가장 많은 비를 내린 지역은 서식스 주의 일부에서 발생하였고, 특히 런던, 서식스 주도, 미들랜드 동부 지역에서 발생하였다. 그러나 폭풍은 일반적으로 널리 퍼져 있었다. 더글러스와 하딩은 이런 다른 폭풍의 경우에 따라 프랑스 상공에 강한 수평온도 경도가 존재하였고 저기압의 상층 기압골과 관련되어 한랭 기단이 비스케이와 이베리아 쪽으로 몰려왔다고 주장하였다. 그들은 전형적인 천둥을 동반한 전선이 상층 대기 내의 온도가 보통 대서양 전선의 전면에서 서쪽으로 감소할 때 비스케이 상공 또는 프랑스 서부 지방에서 발달한다는 것을 관측하였다. 이 폭풍과 관련하여 더

21) 아일랜드의 기상학자로서 항공예보를 개척하였다.

22) Douglas, C.. K. M. and J. Harding, 1946 : The thunderstorms of the night of July 14~15, 1945. *Q. J. R. Meteorol. Soc.*, 72, 323~331

글러스와 하딩의 관측에는 '스페니시 플룸(Spanish plume)'으로 알려진 현상을 포함하고 있었다.

더글러스는 초년시절부터 등산가로서 명성을 얻었고, 1982년 레저널드 슈트크리프가 쓴 사망자 약력 소개[23)]에서, 슈트크리프는 더글러스와 그의 친구들이 슈레크호른[24)]의 정상에서 강한 뇌우를 만나서 그들이 다행히도 살아남은 상황을 회고하였다. 내성적이고 조용히 말하는 사람이지만 그는 기상학자로서 그의 연구에 전념하였고 과학에 직면하였던 문제점에 대해서 해결 능력을 가지고 있었던 사람이었다. 그는 1954년 영국 왕립기상학회로부터 특히 강우와 관련된 기상학에 대한 그의 탁월한 공헌을 인정받아 '휴 로버트 밀 메달'을 수여 받았고, 1955년에는 부회장이 되었으며, 1960년에는 명예 펠로로 선출되었다. 더글러스는 결혼하여 아들 하나와 딸 하나를 두었다. 1954년 더글러스는 영국 기상대를 은퇴하여 1982년 2월 19일 죽기까지 데본에서 조용히 살았다.[25)]

읽을거리... 날씨예보에 역학적인 방법을 적용한 선구자 : 레저널드 슈트크리프

레저널드 콕크로프트 슈트크리프(Reginald Cockcroft Sutcliffe, 1904~1991;

---

23) Sutcliffe, R., 1982 : Charles Kenneth MacKinnon Douglas(Obituary). *Q. J. R. Meteor. Soc.*, 108, 996~997.

24) Schreckhorn : 스위스 남서부의 알프스 중부 베르너오벌란트에 있는 산. 정상은 4078 m이고 눈으로 뒤덮인 가파른 바위 봉우리를 가지고 있다.

25) Field, M., 1999 : Meteorologist's profile－Charles Kenneth Mackinnon Douglas, OBE, AFC, MA, Weather, 54(10), 321~327

그림 2-3 날씨 예보에 역학적인 방법을 적용한 선구자인 웨일스 출신의 레저널드 슈트크리프로 영국 왕립기상학회 54대(1955~1957) 회장으로 재임하였다.

그림 2-3)는 1904년 11월 16일 북 웨일스 렉섬[26]에서 오르메로드 슈트크리프(Ormerod Sutcliffe)와 메이(May; 친정 성은 Cockcroft였다) 사이에서 출생한 네 아들 중 셋째 아들이다. 그의 아버지는 렉섬 협동조합에서 관리자로 일하고 있었다.

그러나 슈트크리프 가족은 아버지가 브래드퍼드[27] 근처의 클러키턴 협동조합으로 자리를 옮기게 되어 곧 고향으로 돌아왔다. 여기서 레기(Reggi는 Reginald의 애칭)는 브래드퍼드 바로 남쪽에 위치한 휘트클리프 마운트 그래머 스쿨에서 장학생으로 선발되었다. 그는 수학과

26) Wrexham : 웨일스 북동부 클루이드 주에 있는 도시. 웨일스 북부 탄전지역에 있는 대표적인 도시이자 상업중심지이다. 15세기 건축양식을 보여 주는 세인트 자일즈 교회에 예일 대학교 설립자인 엘리휴 예일(Elihu Yale, 1648~1721)의 무덤이 있다.

27) Bradford : 잉글랜드 북부 웨스트요크셔 주의 도시로 우스티드 직물(worsted) 생산지이다.

물리학을 탁월하게 잘하는 최우수 학생이었다. 그리고 또한 그는 명석한 운동선수였고 크리켓과 축구팀 모두의 주장이 되었다.

휘트크리프 마운트 그래머 스쿨을 졸업한 후, 슈트크리프는 리즈 대학교의 장학생으로 선발되어 수학에서 1등급 우등 학위를 취득하였고 졸업하는 그해의 가장 우수한 4명 중의 한 학생으로 선발되었다. 그는 통계학으로 이학 박사(PhD)를 취득하였고 후에 북 웨일스의 뱅거 대학교로 옮겼다. 그 이유는 그의 튜터인 버윅(Berwick) 교수가 리즈에서 그곳으로 자리를 옮겼기 때문이다. 이곳에서 그는 또한 이블린 윌리엄스(Evelyn Williams)를 만나게 되었고 후에 그들은 결혼하였다.

뱅거[28]를 떠나게 됨에 따라, 슈트크리프는 그의 자격에 상응하는 합당한 자리를 찾는 데 어려움을 겪었다. 그 당시 수학 전공자들에게는 문호가 제한적이었다. 그러나 결국에 그는 1927년 영국 기상대 하급전문조수로 취직하여 다음 해에 상급전문조수로 승진하였다. 그의 첫 인상은 좋지 않았고 그의 초기 임무로는 그의 능력을 발휘할 기회가 거의 없었다. 즉, 그의 임무는 주로 영국에서부터 아프리카와 극동에 이르는 항로 개척을 위한 기후학에 대해서 자세히 기술하는 것이었다. 그러나 그는 곧 예보 분과로 전보되어 제임스 다인스(James Dines)의 휘하에서 일하게 된다. 제임스 다인스는 다인스 압력 튜브 자기 풍속계의 발명으로 가장 잘 알려진 훌륭한 기상학자인 윌리엄 헨리 다인스의 아들이었다. 여기에서 슈트크리프는 처음에는 몇 가지 일기도를 작성하는 것 이외에는 별로 하는 일이 없었다. 그리고 정식 훈련이나 연구도 없었다. 근무 시간 동안 연구하는 것은 영국기상대 대장인 조지 심슨에 의해서 엄격하게 규제되었다. 그러나 조지 심슨 자신은 연구에 활동적인 직원들을 위해서 그 자신의 시간을 쪼개어

---

28) Bangor : 영국 웨일스 귀네드 주에 있는 도시. 메나이 해협에 인접해 있다.

자기 자신의 탐구 노선에 대해서 토의하는 것을 행복하다고 생각하였다. 실제로 슈트크리프 자신의 말에 의하면, 그가 정보를 꼭 찾아야 한다고 생각한 아이디어는 ≪삼투의 형태에 의해서≫라는 책에서 찾은 반면, 유용한 예보 기술에 대한 가치 있는 독서는 네이피어 쇼의 ≪날씨 예보하기(*Forecasting weather*)≫[29)]에서 언급된 정도로 제한적이었다. 이들은 종관 기상학에 기초를 둔 것으로 기압계의 이동과 변동을 다루고 있다. 그 당시 1920년대에 빌헬름 비야크네스와 그의 아들 야코브 비야크네스에 의해서 크게 개발된 기단과 전선 불연속성에 관한 스칸디나비아의 이론은 별로 주목받지 못하였다.

그러나, 그의 경험을 확장시킬 기회가 기상청 근무 1년 후 지중해의 몰타 섬에 4년 동안 근무할 때 주어졌다. 이곳에서 그는 출중한 스웨덴의 기상학자인 토르 베르셰론과 함께 6개월 동안 같이 근무하는 행운을 가지게 되었다. 그 당시 베르셰론은 새로운 이론에 관하여 영국 기상대의 직원들에게 가르칠 목적으로 기상대의 책임자인 심슨에 의하여 고용되어 있었다. 실제로 슈트크리프는 이 단계에서 기단과 전선 분석에 대한 새로운 생각을 많이 개발하는 데 크게 책임질 사람은 바로 베르셰론이라고 고려하였다. 그 사이에 개인적으로는 매우 중요한 일은 그의 약혼녀인 이블린 윌리엄스가 그와 결혼하기 위하여 배를 타고 단독으로 여행을 온 것이다. 슈트크리프는 결혼하여 두 딸을 낳았다.

슈트크리프가 제일 처음 현업 일기예보의 경험을 가진 곳이 몰타 섬이었다. 이 임무 이외에도 주로 그는 영국 해군이 승선한 배에 물건을 싣는 것이었다. 통신은 불규칙적이었고 예보 과정은 경험적으로 이루어져 과학적인 활동이라고는 전혀 볼 수 없는 것이었다고 그는 밝히고 있다.

---

29) Shaw, W. N., 1911 : *Forecasting weather.* Constable, London

1932년 본국으로 귀국하여 그는 3년 기간으로 펠릭스스토에 있던 작은 영국 공군 관측소에서 근무하게 되었다. 여기서 그는 항공 예보를 하게 되었다. 그 당시 항공 예보의 성장과 중요성이 우후죽순처럼 일어났다. 그때 당시 항공기 운항은 날씨 조건에 전적으로 종속되었고 영국 기상대는 이러한 요구를 충족시키기 위하여 필요한 조직을 재편하고 있었다.

그 다음 슈트크리프는 조종사 자격증을 취득하는 데 필요한 기상학적 필요 요건을 시험하는 자리로 옮겼다. 응시자들이 사용할 실무 교과서가 없었기 때문에 그는 기상청장인 조지 심슨에게 그러한 책이 필요하다고 설득하였다. 심슨은 이 상황을 인식하고 이 책을 집필하기 위하여 슈트크리프에게 6개월 동안 통상적인 임무를 면제하였다. 그는 서리 주 밴스테드의 집에서 작업하였다. 이 시기는 곧 들이닥칠 어둠 전의 막간의 행복이었다. 반면 실제적인 결과물인 ≪비행사용 기상학(*Meteorology for aviators*)≫[30]은 전쟁 동안 영국 공군 조종사의 기상 지식 토대를 이룬 실무에서 중요한 책이 되었다. 그 당시에는 전쟁 발발이 급박하여 영국 민간 항공의 기장에게도 중요한 책이 되었다. 이 시대의 영국 비행기 조종사는 'meteorology'라는 용어와 'Sutcliffe'를 거의 동일시하였다.

그럼에도 불구하고 이 기간도 여전히 그의 마음은 기상학 이론의 개발을 향하여 바꿀 수 있다는 것을 발견하였다. 그 당시를 되돌아보면 물론 때늦은 감은 있었지만 그는 운명의 갈림길에 있어, 중앙 예보대에서 주로 생각했던 것들 말고는 더 이상 진전이 없었다.

그 당시 슈트크리프 자신의 생각은 상층 대기 내의 가속도 장에서 얻어지는 문제점에 크게 관계하였다. 그의 요지는 '만약 그가 가속도를 확인할 수 있다면, 그는 아지균풍과 아지균풍의 발산을 알아낼 수

---

30) Sutcliffe, R. C., 1939a : *Meteorology for aviators*. HMSO

있고 기압의 하강에 대해서 설명할 수 있다'는 것이었다. 그러나 이 문제에 대해서는 몇 년 후에나 관여할 수 있게 되었다. 왜냐하면 그의 연구는 전쟁 발발의 조짐으로 인하여 곧 중단되었기 때문이다. 그럼에도 불구하고 그는 여전히 전란이 일어나기 전에 그의 연구 주제를 개발하는 3편의 주요 논문들을 집필하였다. 첫 번째 논문은 1938년 버스트(C. S. Burst)와 공동[31] 발표한 것으로 열대 폭풍의 발달에서 연직 운동의 역할에 관한 것이었다. 반면 다른 2편의 논문[32]은 중위도에서 기압 시스템과 관련된 것이었다. 유럽에서 전쟁이 진정된 후 그는 다시 이 주제를 거론하였다.

잠시 동안 그는 선니 섬에 있던 영국 공군 비행정 정찰 비행중대의 교관으로 자리를 옮겼었다. 여기 있는 동안 전투가 확실하게 일어날 것이라는 판단에 따라 1차 세계대전(1914~1918)의 경험에 의해 날씨 조건의 지식이 전투 지휘에서 지극히 중요하다는 인식을 불러일으켜 영국 기상대의 전체 동원은 불가피한 상황이었다. 슈트크리프는 영국 공군 지원 예비대의 소령으로 차출되어 짧은 기간 동안 폭격기 본부 사령부에서 복무하였고 1939년 9월 3일 전쟁이 선포됨에 따라 영국 기상청의 여러 직원들과 함께 프랑스 북부 아라스[33]에 주둔한 작전 사령부에 근무하였다. 여기에서 그는 'phoney war'로 알려진 초기 고요한 기간 동안 머물렀다.

이런 모든 것들이 1940년 독일 군대가 결정적인 적진 돌파를 감행

---

31) The importance of vertical motion in the development of tropical revolving storms. *Q. J. R. Meteorol. Soc.,* 64, 75~82.

32) Sutcliffe, R. C., 1938: On development in the field of barometric pressure. *Q. J. R. Meteorol. Soc.,* 64, 495~504.
Sutcliffe, R. C., 1939b: Cyclonic and anticyclonic development. *Q. J. R. Meteorol. Soc.,* 65, 518~524.

33) Arras : 프랑스 북부 파드칼레 주의 주도. 파리 북쪽 178㎞, 릴 남서쪽 51㎞에 있고 스카르프 강에 면해 있다.

함에 따라 돌연 끝나게 되었다. 그리고 모든 것을 잃었을 때 슈트크리프는 덩케르크[34]로부터 영국으로 대 탈출이 일어나기 얼마 전에 배로 볼로뉴[35]로부터 철수하였다. 그러나 그는 바로 프랑스 남부의 살롱 드 프로방스에 주둔한 임시 사령부에 있는 기상학자들의 분견대(party)를 지휘하기 위해서 프랑스로 다시 날아갔다. 여기서 그는 잠시 동안 이탈리아 북부 지방에 기습 폭격을 위한 예보를 관장하였다. 이 무렵 이 지역은 독일군 진영으로 들어갔었다. 프랑스의 조건부 항복이 곧 이어져 그와 그의 분견대는 즉시 철수하거나 강제 수용 당하게 되었다. 그래서 그들은 마르세유[36]로부터 피난하여 영국 석탄선에 승선하고 지브롤터로 가서 그곳에서부터는 무장한 순양함으로 갈아타 U 보트의 공격을 피하기 위하여 대서양을 북쪽 방향으로 지그재그로 항해하였다. 이 사건에서 분견대의 대원들은 잉글랜드로 되돌아온 거의 마지막 군대 중의 하나가 되었다.

슈트크리프는 잠시 폭격기 본부 사령부의 수석 기상 장교로 근무하였고 최종적으로 뉴마켓 부근에 주둔한 제3폭격편대에 근무하였다. 이곳에서 그는 3년 반 정도 머물러 있었다. 여기서 그는 그가 'real live work'란 용어로 말한 것에 직면하게 되었다. 이것은 독일 상공에 기습 폭격을 위한 예보의 공급을 전적으로 말하며 레지스탕스가 보내오는 관측을 포함한 매우 듬성듬성한 자료를 사용하여 예보가 이루어졌고 개인적으로 매우 위험하게 관측자에게 전송되었다. 또한 핵심은 적의 진영 상공에서 기상 정찰기 비행에 의해 얻어지는 결과였다. 상층 바람 정보는 적군 지역 상공을 수 시간 동안 항공기 비행의 운항에 필수적이었으나 대부분 무시되었다. 폭이 좁고 고도가 높은 곳에 집중

34) Dunkirk : 프랑스 북부의 항구로서 2차 세계 대전 때 독일군의 공격을 받던 영국·프랑스군이 기적적으로 철수한 곳이다.

35) Boulogne : 파리 교외의 도시이다.

36) Marseilles : 프랑스에서 두 번째로 큰 도시인 지중해의 항구도시이다.

되어 존재하는 제트 기류는 처음에 잘 몰랐으나 임무를 마치고 귀환하는 비행장에서 안개 형성의 예보가 또 다른 지극히 중요한 문제였고 때때로 불행한 결과를 초래하였다. 그 당시 제트 기류의 존재를 몰랐던 것은 그 고도까지 전투기가 운행하는 일이 거의 없었기 때문이다.

전쟁이 2~3년을 거치면서 점차로 상황이 변화하여 결과적으로 유럽의 침입이 절박하게 되었다. 날씨 조건이 명백한 관건으로 떠올랐고 D-Day에 대한 주된 책무가 슈트크리프의 동료인 공군 대령인 제임스 스태그에게 주어졌다. 스태그는 연합군 총사령관인 아이젠하워 장군에 의해서 수석 기상 자문역으로 지명되었다. 스태그는 가능한 표적 일에 대한 최종 승낙된 예보를 제출하고 그들의 가능한 예상 결과를 아이젠하워 장군에게 보고하는 어려운 직무를 가지게 되었다. 이를 위하여 영국과 미국 기상팀 사이에 매일 협의가 이루어졌고 비록 슈트크리프 자신은 주요 관련자가 아니었지만 슈트크리프는 최종 승낙된 예보를 작성하는 데 자문 역할을 하였다. 결정적인 기간 동안의 날씨 조건은 어려웠고 불완전하였지만 아이젠하워는 적절한 것으로 최종 예보를 받아들였고 상륙 작전의 명령이 떨어졌다. 날씨 조건은 예상한 것보다 약간 나쁘게 나타났지만 약간의 문제점을 극복한 후 상륙은 성공적이었고 나치 점령 지역의 격파가 뒤따랐다.

최종 평화 협정은 나치 독일의 영토를 러시아, 미국, 영국, 연합군으로 참전한 복권 국가들에 의해서 분할하는 것이었다. 비행 연대 지휘관의 직책을 가지고 독일에서 수석 기상 장교가 된 슈트크리프는 영국 공군에 대한 그의 책무에 덧붙여 심하게 파괴된 독일 민간 기상대의 재건 임무가 주어졌다. 어느 정도까지 그는 영국 기상대를 일부 개선하여 모델로서 사용하였다. 그는 또한 인근 해방된 국가의 기상대를 복원시키는 임무도 맡게 되었다.

슈트크리프는 1946년에 영국 기상대에 복직하였고, 처음에는 던스터블에 있던 영국기상대 본부에 근무하였다. 여기서 그는 다소간 전후 구체화되는 기상대의 재구성을 기다리면서 관망하였다. 그는 의무도 적었고 그래서 그의 연구가 전쟁으로 인하여 중단되었을 때 조사하던 대기 역학에 대한 몇 가지 아이디어를 개발하는 데 필요한 시간을 가지게 되었다. 이들 중에는 제3폭격편대에서 근무하던 중 어느 정도 수행하였다. 이곳에서 그는 잘 알려져 있지 않은 벨기에의 기상학자인 오토 고다르트(Otto Godart)와 함께 공동으로 연구하였다. 두 사람은 기본적으로 중요한 논문을 만들었다[37]. 종전 후 즉시 슈트크리프는 그의 가장 유명한 논문 '발달의 문제에 대한 공헌(*A contribution to the problem of development*)'을 발표하였다. 물론 이 논문은 상당한 기간 동안 수행된 대기 역학에 대한 그의 주 연구가 되었다. 그러나 그 와중에 많은 실제적인 어려움에도 불구하고 이러한 기고는 대단히 귀중하고 근본적으로 중요하였다.

그는 세계 기상역학자의 선두 반열에 올랐고 이에 따라 영국 기상대에서의 그의 경력도 성공적이었다. 1948년 전후 처음 주요한 재결성으로 그는 예보 연구소의 제1부 소장이 되었고 1957년에는 연구 소장(Director of Research)으로 승진하였다. 같은 해 그는 영국 학술원 펠로로 선출되었고, 날씨 예보 그 자체가 순수한 수학과 물리학적 과학으로 널리 인식되게 되었다. 그래서 다른 과학의 분야와 어깨를 나란히 할 수 있었다. 1942년과 1961년에 각각 OBE와 CB를 수여 받았다. 1955년부터 1957년까지 영국 왕립기상학회의 회장으로 재임하였고, 1950년 영국 왕립기상학회의 버캔 상을 받았고, 1955년에는 시먼스 기념 금메달을 수여 받았다. 그는 또한 1957년부터 1961년까지 세계 기상기구 고층 기상학 위원회의 위원장, 1967년부터 1971년까지 기상학과 대기물리학을 위한 국제학술연합(International Association for Meteorology

---

37) *Construction of upper air isobaric contour charts.* Meteorological Office Internal Memorandum SDTM No. 50

and Atmospheric Physics; IAMAP)의 총재를 맡았다. 그리고 1964년부터 1968년까지 세계기상기구 자문 위원회의 위원장을 맡아 교육과 훈련 프로그램에 중요한 공헌을 하였다.

그러나 영국 내에서 3등급 기상 훈련도 소수로 이루어지는 당면 문제에 관해서 얼마 동안 고민한 후 그는 근처에 있는 레딩 대학교와 함께 협상하기 위해 학교에 들어와서 그곳의 기상학과 창설의 가능성을 타진하였다. 학교 당국은 이 아이디어를 승낙했다. 그는 또한 그 당시 기상대장인 올리버 그래엄 서턴(Sir Oliver Graham Sutton, 1903~1977)이 1965년 말경에 은퇴하고자 하는 사실을 알고 있었다. 그 당시 슈터크리프 자신도 60살을 넘기고 있어 대장 직에 대한 논의에서 제외되었다. 그리고 그는 서턴의 후임자로 가능한 사람이 명석하고 비교적 젊은 사람인 임페리얼 칼리지의 바질 존 메이선(Sir Basil John Mason, 1923~)[38] 교수라는 것을 알았다. 아주 어린 사람 밑에서 일하는 것이 내키지 않아, 1965년 영국기상대를 사직하였고, 새로 창설된 레딩 대학교 기상학과의 교수직을 수락하였다. 여기서 그는 레딩 대학교 기상학과에 영국 최초의 학부 과정을 개설하였다. 최종적으로는 1969년과 1970년 학기 말에 로버트 피어스(Robert P. Pearce) 교수에게 기상학과 전권을 물려주었다.

키가 크고 두드러진 용모를 가진 레저널드 슈트크리프는 그 당시 자극적이고 논쟁을 즐기는 사람으로 대화를 즐기고 식사를 같이하기에 좋은 친구였다. 그가 1957년 기상학회 정찬 클럽의 부활을 고무시켰을 때 그의 성격이 잘 나타났다. 그는 두 권의 책을 출간했고 80여 편의 연구 업적을 남겼다. 또한 1963년 국제기상기구 상의 수여로 국제적인

---

38) 잉글랜드의 기상학자로서 구름물리학으로 유명하다. 응결과 강수 이론 및 실험에 관한 수많은 논문을 발표하였다. 1957년 ≪구름 물리학≫을 출판하였고, 1962년에는 ≪구름, 강수, 인공강수≫을 출판하였다. 1965년 영국기상대 대장으로 근무하였다.

위상도 높였다. 또한 그는 1975년 미국기상학회(American Meteorological Society; AMS)의 명예 회원으로 선출되었다.

그는 내시에 있는 쾌적한 작은 집에 살기 위해 은퇴하였다. 이 마을은 밀턴 케인즈의 남서쪽 시골이었다. 최종적으로 버킹엄셔 캐드모어 엔드로 이사가 그곳에서 그는 1991년 5월 28일 죽었다. 그의 유해는 그가 태어난 시골로 돌아가 디 강이 내려다보이는 할킨 교회 정원의 부인 옆에 묻혔다. ▮

| 연대기 |

1893	5월 29일 스코틀랜드 에든버러에서 태어남
1916~18	1차 세계대전에 참전함
1918~19	비행기를 이용한 상층 관측을 수행함
1919	영국 왕립기상학회 펠로로 선출됨
1925	영국 기상대 예보관으로 근무를 시작함
1927	영국 왕립기상학회 부컨 상을 수상함
1944	상급 예보관으로 승진함. D-Day 예보에 참여함
1954	영국 왕립기상학회로부터 휴 로버트 밀 메달을 받음
1954	영국 기상대를 은퇴함
1955	영국 왕립기상학회 부회장으로 선출됨
1960	영국 왕립기상학회 명예 펠로로 선출됨
1982	2월 19일 데본에서 사망함

3장

야코브 비야크네스

(Jacob Aall Bonnevie Bjerknes, 1897~1975)

저기압 발생의 한대전선이론을 확립한 노르웨이 기상학자

현대 기상학의 창시자 중 한 사람

노르웨이 태생의 미국 기상학자인 야코브 올 본네비 비야크네스[1]는 현대 기상학 창시자 중의 한 사람이다. 그는 20세에 중위도 저기압의 구조를 발견함으로써 과학 무대에 등장하였다. 이 발견은 대단히 중요하였고 이론 기상학뿐만 아니라 실용적인 날씨 예보에 풍성한 발달을 가져오는 시발점이 되었다. 이 발견을 주도한 사람은 야코브의 아버지인 유명한 물리학자 겸 지구물리학자인 빌헬름 비야크네스였지만, 야코브 비야크네스도 아버지 못지않은 연구자였다.

---

1) 미국에서는 주로 잭(Jack)으로 불렸다.

어린 시절

야코브 비야크네스는 1897년 11월 2일 스웨덴의 스톡홀름에서 태어나 어린 시절을 그곳에서 보냈다. 그의 집안은 3대에 걸쳐 유명한 과학자를 배출하였다. 그의 할아버지인 카를 안톤 비야크네스는 크리스티아니아 대학교의 수학 교수였다. 그는 유체는 맥동하는 표면 사이에 쿨롬 형 힘들을 전달할 수 있음을 이론과 실험으로 증명하였다. 그는 전자기학에서 유체 역학적인 에테르 이론을 추구한 사람이었다. 그의 아버지인 빌헬름 비야크네스는 하인리히 헤르츠와 함께 전자기 공명을 연구했던 과학자였다. 1897년 빌헬름 비야크네스는 교육부 장관을 지낸 유명한 행정관의 딸인 호노리아 소피아 본네비(Honoria Sophia Bonnevie)와 결혼하였다. 본네비는 자연과학을 전공하는 학생으로 빌헬름 비야크네스의 아버지인 카를 비야크네스를 따르던 대학생이었다. 그들은 빌헴름 비야크네스가 강사로 임명되어 스톡홀름에 정착해 4명의 아들을 두었는데 그 중 한 아들이 야코브 비야크네스였다. 그의 이름인 'Jacob Aall Bonnevie'는 그의 외할아버지의 이름을 딴 것이다. 야코브의 이모인 크리스틴 본네비(Kristine Bonnevie, 1872~1948)는 동물학을 전공한 노르웨이 최초의 여성 교수였다. 그러므로 젊은 야코브는 학문적인 집안에서 성장하게 되었다.

아버지의 영향

야코브가 태어난 해인 1897년 빌헬름 비야크네스는 순환이론을 발견하였다. 이 이론은 이상적인 유체 내에서 이루어지는 소용돌이 보존에 관한 헬름홀츠와 켈빈의 이론을 비균질 유체 내에서 발생하는 소용돌이 형성으로 일반화한 것이었다. 이 이론을 가짐으로써, 빌헬름 비야크네스는 비균질 유체의 운동을 지배하는 정역학과 열역학 방정식의 완전한 세트를 가지게 되었다. 그는 스웨덴 동료들의 격려에 힘입어, 대기와 해양에 그의 이론을 적용하였다. 나아가 그는 수리 물리학의 초깃값 문제와 지배 방정식을 수치 또는 그래프 적분으로 수행해야 하는 날씨 예보에까지 범위를 넓혔다. 그를 격려한 사람 중에는 유명한 화학자인 스반테 아레니우스와 해양학자인 오토 페테르손이 있었다. 이것은 물리계를 대기로 취급한 것 이상 아무것도 아니었지만 그 당시 이것은 혁명적인 아이디어였다.

빌헬름 비야크네스는 1905년 미합중국을 방문하였다. 이때 미국 기상학자인 클리블랜드 애비는 약간 이름이 알려질 무렵이었다. 그는 워싱턴 디시에서 강연을 하였다. 여기에서 그는 과학적인 날씨 예보의 전망에 대해서 설명하였다. 이 강연은 열광적으로 받아들여져 워싱턴의 카네기 연구 재단으로부터 매년 연구비를 지원 받게 되었다. 2차 세계대전까지 이런 관계는 유지되었다. 그는 이러한 연구비를 상당한 연구 조원들을 고용하고 교육시키는 데 사용하였다. 그들 모두는 유명한 지구물리학자들이 되었다.

1907년 야코브가 9살 때, 그의 아버지가 크리스티아니아의 대학 교수직을 수락하여 그들 가족은 노르웨이로 돌아왔다 1910년과 1911년 아버지와 3명의 조수들은 카네기 연구 재단의 지원으로 ≪기상 역학과 수계 지리학≫을 간행하였다. 독일 사람들은 이 책

그림 3-1 라이프치히 시절 젊은 야코브 비야크네스의 모습.

에 감명 받아 빌헬름에게 라이프치히 대학교에 새로 설립할 지구물리 연구소의 소장직을 제안하였다. 빌헬름은 이 제의를 받아들여 1913년 라이프치히로 이사하였다. 그러나 야코브는 고등학교를 마치기 위해서 크리스티아니아에 머물렀고 노르웨이 대학교에서 과학을 공부하기 시작하였다.

라이프치히 지구물리 연구소

라이프치히 지구물리 연구소는 성공적으로 출발하였다. 빌헬름은 그의 조수인 시오도르 헤셀베르크와 하랄 스베드럽을 데리고 왔다. 이외에도 여러 명의 독일 박사 과정 학생들이 있었다. 그중에는 빌헬름의 뒤를 이어 소장이 된 로베르트 벤거도 포함되어 있었다. 1차 세계대전이 발발함에 따라, 많은 독일 학생들과 직원들이 전쟁으로 나가게 되었다. 또한 스베드럽과 헤셀베르크도 떠나게 되어 빌헬름은 그의 연구를 위해 많은 도움이 필요하게

그림 3-2 노르웨이의 극지탐험가·해양학자·정치가·인도주의자인 프리드쇼프 난센. 그는 1888년, 1893년, 1895~1996년 등 여러 차례에 걸쳐 북극 탐험대를 인솔했으며, 1900년, 1910~1914년 북대서양에서 해양 탐사를 지휘했다. 1차 세계대전 종전 후에는 구제 사업을 펼쳐 1922년 노벨 평화상을 받기도 했다.

되었다. 이런 이유로 19세가 되기 전인 1916년 야코브는 노르웨이에서 학업을 중단하고 그의 아버지를 돕기 위해 라이프치히의 가족들과 재회하였다. 그와 함께 노르웨이의 학생이었던 할보르 솔베르그도 동행하였다.

독일 라이프치히 대학교 박사 과정 학생인 헤르베르트 페촐트(Herbert Petzold)는 바람 장에서 '수렴선(convergence line)'을 연구하고 있었다. 그러나 페촐트는 전쟁에 나가 1916년 프랑스 북동부 도시인 베르됭에서 전사하였다. 야코브는 그의 연구를 넘겨받게 되었다. 그는 수렴선이 동쪽으로 편향하면서 수천 km까지 길게 늘어진다는 것을 발견하였다. 그리고 이 선과 연관되어 구름과 강수가 일어난다는 것을 발견하였다. 1917년 그는 이러한 결과들을 보고한 그의 첫 번째 논문인 '수렴과 발산 지역 상공의 공기 이동'을 20세가 되기 전에 출판하였다.

전쟁이 계속됨에 따라, 라이프치히 지구물리 연구소의 사정은 노동력과 식품 부족으로 나빠졌다. 그래서 프리드쇼프 난센(Fridtjof Nansen, 1861~1930; 그림 3-2)과 뵈욘 헬란-한센의 협조를 받아, 빌헬름 비야크네스를 위한 교수직이 서부 노르웨이 해안 도시인 베르겐에 설립되었다.

베르겐 학교

그 당시 베르겐에는 대학교가 없었지만 과학 학부 설치를 위한 계획은 수립되어 있었다. 그리고 베르겐 박물관이 그러한 개발에 핵심적으로 봉사하고 있었다. 뵈욘 헬란-한센은 베르겐 박물관에서 해양학 교수의 직함을 가지고 있었다. 그리고 오랫동안 해양 연구에서 국제 강좌를 열고 있었다. 1917년 베르겐 박물관에 빌헬름 비야크네스을 위한 교수의 새로운 지구물리 연구소의 설립은 베르겐에 학술적인 환경을 강화하는 데 중요한 단계였다.

빌헬름 비야크네스는 두 명의 젊은 조수인 야코브 비야크네스와 할보르 솔베르그와 함께 전쟁 중인 독일을 떠나 1917년 여름 베르겐에 도착하였다. 빌헬름은 날씨 진단의 문제를 이론적으로 규명하고자 하는 연구력이 없음을 깨닫고, 그 대신 농업을 위한 특별한 여름 예보 서비스를 제공하는 것과 같은 실제적인 날씨 예보 쪽으로 계획을 세웠다. 노르웨이 정부의 지원을 받아, 그는 남부 노르웨이에 그전보다 거의 10배가 넘는 기상 관측소를 증설하였다.

이러한 준비를 갖춤에 따라, 1918년 여름부터 예보가 시작되었다. 빌헬름 자신은 일기도 작성에 참여하지 않았지만, 베르겐의 예보는 야코브를, 크리스티아니아의 예보는 솔베르그에게 맡겼다. 전쟁이 여전히 계속됨에 따라, 프랑스, 잉글랜드 또는 대서양으로부터 기상 자료를 수신할 수 없었다. 그러나 노르웨이 내에 개선된 기상 자료 네트워크로부터 야코브는 그가 라이프치히에서 연구하였던 형태의 수렴선이 노르웨이 해안을 따라 움직인다는 것을 다시 확인할 수 있다. 그는 또한 이 수렴선이 저기압과 관련된다는 것을 발견하였다. 이 수렴선은 뒤에 'front'란 용어로 제정되었다. 1918년 가을에 작성된 박사 논문은 1919년에 ≪이동하는 저기압의 구조에 관하여(*On the Structure of Moving Cyclones*)≫란 제목으로 출판되었고 여기에서 그는 유명한 전선 저기압 모델을 제시하였다(그림 3-3). 이 모델에서 전선은 저기압 중심의 북과 서쪽에 자리 잡은 한랭 공기와 남과 남동쪽의 온난역 내의 온난 공기를 분리하는 경계면으로 설명하는 것이 가정되었다. 이러한 전선 경계면은 1903년 오스트리아 기상학자인 막스 마르굴레스(Max Margules, 1856~1920)가 유도한 공식에 따라, 한랭 공기와 함께 아래쪽으로 경사를 이룬다고 가정되었다. 더 나아가, 야코브는 그의 논문에서 경사를 나타내는 전선면을 따라 온난 공기가 상승하여 구름의 띠와 강수를 일으키고 반면에 한랭 공기는 하강하고 지상에서 퍼져나간다는 것을 언급하였다. 그는 이러한 연직 운동이 위치 에너지를 감소시켜 이러한 감소가 저기압의 운동 에너지의 형성을 설명할 수 있다는 것을 알아차렸다. 이것은 15년 전에 발표된 마르굴레스의 이론과 일치하였다. 야코브는

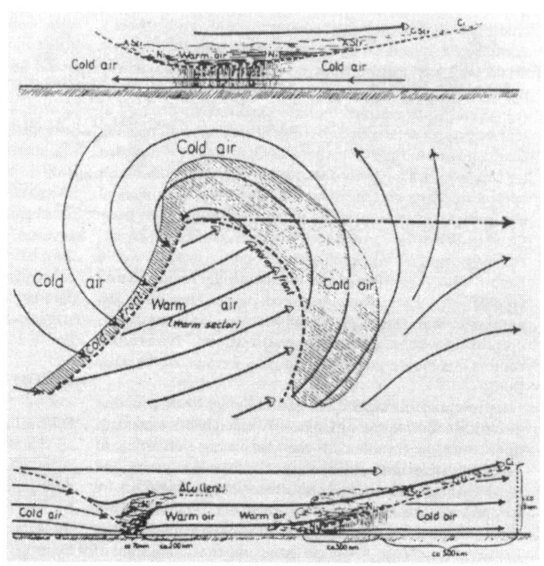

그림 3-3 야코브 비야크네스가 1919년 발표한 전선 저기압 모델.

또한 그의 논문에서 하나의 저기압이 서쪽에서 멀리 떨어진 새로운 저기압의 온난 전선으로 제공된 후 길게 뻗은 한랭 전선을 동반하면서 동일한 경로를 뒤따르는 저기압 시리즈의 개념을 언급하였다. 그는 심지어 대기의 대순환에서 저기압의 역할에 대해서도 논의하였고, 한대 지역과 적도대 사이의 공기 교환에 연관시키는 것이 저기압의 역할이라고 생각하였다. 전체적으로, 야코브의 8페이지짜리 짧은 논문은 매우 흥미있는 사고와 제안을 풍부하게 담고 있었다. 이 논문은 유럽의 제한적인 부분에서 그려진 일기도를 연구한지 불과 수개월 만에 20세의 젊은이가 이룬 환상적인 업적이었다.

다음 해, 야코브 비야크네스의 '전선 저기압 모델(frontal cyclone

model)'은 야코브 비야크네스, 할보르 솔베르그, 1919년에 베르겐 팀에 합류한 토르 베르셰론으로 구성된 팀에 의해서 강도 높은 연구가 이루어졌다. 솔베르그는 선박으로부터 관측된 많은 대서양 자료를 가지고 오래 전 일기도를 그려 재분석하였다. 그는 한대 전선은 전선 상에 파동을 만들어 새로운 저기압을 형성하면서 해양의 대부분을 가로지르는 물결 모양의 선으로 존재한다는 것을 발견하였다. 베르셰론은 저기압 일생의 후반부에 한랭 전선이 온난 전선을 따라잡으면, 온난역의 공기는 아주 높은 곳까지 들어 올려지는 반면 한랭 공기는 지상으로 퍼져나간다는 것을 발견하였다. 이 과정을 그는 '폐색(occlusion)'이라 불렀다.

1920년 야코브 비야크네스는 서부 노르웨이 기상 예보대의 대장으로 지명되었다. 여기서 일기도 분석과 예보는 전선 저기압 모델에 기초를 두고 이루어졌다. 전선 위치는 바람, 온도, 구름, 강수에 관한 정보를 주었다. 나아가 전선 저기압 모양의 발달 단계를 나타내어 저기압의 미래 움직임에 관한 정보를 주었다. 전선 저기압 모델은 날씨 예보에 유용한 도구로 판명되었다.

그때까지 저기압 모델은 주로 지상 관측에 기초를 둔 것이었다. 저기압의 연직 구조는 대부분 이론으로부터 유추된 것이었다. 1922년 야코브 비야크네스는 스위스 기상 연구소의 초빙 컨설턴트로 스위스 취리히로 갔다. 알프스 산맥의 정상에 설치된 관측소로부터 관측된 자료를 사용하여, 그는 경사진 전선면이 3,000 m 고도까지 존재한다는 것을 밝혔다. 이 연구에 대한 논문(*Diagnostic and prognostic application of mountain observations*)으로, 그는 1924년 오슬로 대학교로부터 박사 학위를 받았다.

1928년 야코브는 베르겐의 유명한 안과의사의 딸인 헤드비그

(Hedvig Borthen)와 결혼하였다. 몇 년 후 그들은 베르겐의 남쪽 호페르스타드에 정착하였다. 그들 사이에는 1남(Vil) 1녀(Kirsten)를 두었다.2)

1920년대 높은 고도에서의 관측 자료가 부족하였기 때문에 더 이상 높은 고도에서의 공기 흐름을 탐구할 수 없었다. 그러나 1928년 12월 연속 3일 동안 2개의 저기압이 통과했을 때, 벨기에 왕립기상 연구소 소장인 조모트(M. Jaumotte)는 측기를 탑재한 31개의 기구를 띄워 올렸다. 야코브 비야크네스가 이들 관측 기록을 분석하여 그 결과를 한 논문에 발표하였는데 이 논문은 그의 가장 훌륭한 논문 중의 하나이다. 그는 이 논문에서 하층에 위치한 저기압과 관련되는 상층 대류권 편서풍 내의 파동을 최초로 설명하였다. 파동 골은 지상 한랭 전선 상공에 위치하고 이 골과 관련되어 나타나는 소용돌이치는 경사진 한랭 전선면을 따라 온난 공기가 하강함으로써 생기는 '연직 뻗음(vertical stretching)'으로 정확히 설명된다. 이것은 상층 파동을 역학적으로 취급한 최초의 시도였다.

1931년 야코브는 베르겐 기상 예보대의 대장을 스베레 페테르센에게 넘기고 베르겐 박물관에 그를 위해 만들어진 기상학 교수직을 맡게 되었다.

1930년대에 라디오존데 자료가 상층 대류권 내의 운동을 체계적으로 진단할 수 있을 만큼 충분하게 확보됨에 따라, 야코브 비야크네스는 이들 자료를 가지고 재빠르게 새로운 가능성을 시도

---

2) Holmboe, J., J. Namias, M. G. Wurtele, 1975 : Jacob Bjerknes(1897~1975). BAMS, 56(10), 1089~1090

하였다. 핀란드의 기상학자인 에릭 팔먼(Erik Palmén, 1898~1985)과 공동으로 발표한 몇 편의 논문에서, 야코브는 전선과 대류권 계면을 횡단하는 연직 단면도를 작성하였고, 어떻게 한 저기압의 한랭 전선면이 다음 발생하는 저기압의 온난 전선으로 변환되는지를 밝혔다. 1937년에 팔먼과 공동으로 발표한 논문(*Investigation of selected European cyclones by means of serial ascents.*)에서 그는 상층 파동의 역학에서 중요한 양은 코리올리 매개변수의 자오선 경도라고 지적하였다. 이 연구는 카를 로스비(Carl-Gustav Arvid Rossby, 1898~1957)를 고무시켜 기념비적인 파동 공식을 유도하도록 하였다.

1930년대 야코브와 친밀한 관계를 가진 동료는 카를 고드스케(Carl Ludvig Schreiner Godske, 1906~1970)로서 그는 빌헬름 비야크네스의 카네기 연구 재단 연구원 중의 한 사람이었다. 후에 그는 야코브의 베르겐 교수 자리를 물려받았다. 고드스케와 야코브는 함께 전선의 불안정성에 관한 흥미 있는 논문을 썼다. 그리고 고드스케는 이 논문을 확장하여 고드스케, 베르셰론, 야코브 비야크네스, 분드가르드(R. C. Bundgaard)와 공동저자로 하여 ≪기상역학과 날씨 예보(*Dynamic Meteorology and Weather Forecasting*)≫란 제목으로 책을 저술하였다. 이 책은 1930년대 빌헬름 비야크네스에 의해서 계획되었지만 2차 세계대전으로 연기되어 1959년에 출판되었다.

베르겐에서 야코브 비야크네스의 업적은 동료들의 관심을 불러일으켰다. 그는 많은 나라로부터 초청을 받아 스위스, 잉글랜드, 네덜란드, 독일, 캐나다를 여행하였고 미국으로부터는 방문 강사로 초빙을 받았다.

읽을거리… 기상역학의 창시자 : 막스 마르굴레스

오스트리아 기상학자인 막스 마르굴레스(Max Margules, 1856~1920; 그림 3-4)는 1856년 4월 23일 우크라이나 서부 지방인 브로디에서 출생하였다. 비엔나 대학교에서 수학과 물리학을 전공하였고 1876년 박사 학위를 취득하였다. 1882년 그는 조수로서 비엔나 기상대에 들어와서 1906년까지 24년간 근무하였다.

1893년 마르굴레스는 라플라스 '조석 방정식(Laplace tidal equation)'을 분석하여 태양 복사 강제에 기인한 대기압의 일 변동과 반일 변동을 연구하여 두 개의 특정한 해를 유도하였다. 그들 해를 'Wellen erster Art'와 'Wellen zeiter Art'라 부른다[3]. 이 논문은 뚜렷한 파동의 실체를 처음 인식한 것으로 현재 이들은 '관성중력파(inertia-gravity wave)'와 '회전파(rotational wave)'로 알려지고 있다.

마르굴레스는 폭풍의 에너지원에 대한 연구로 눈을 돌려 1903년 폭풍의 에너지론을 발표하였다. 이 논문에서 그는 온도가 다른 기단이 병존하는 경우 상대적인 이동이 일어나 안정한 성층에 도달할 때까지 위치 에너지가 감소하여 운동 에너지로 변환되는데 이로 인해 폭풍이 발생한다고 주장하였다. 이 가설은 '노르웨이학파'의 저기압 이론의 근거가 되었다. 또한 그는 전선의 양쪽 기단의 풍속과 기온으로부터 전선의 경사를 결정하는 마르굴레스 공식을 유도하였다.

마르굴레스는 1904년 그의 스승인 유명한 물리학자인 루트비히 볼츠만(Ludwig Eduard Boltzmann, 1844~1906)의 60번째 생일을 기리는 회

---

3) Margules, M., 1893 : Luftbewegungen in einer rotierenden *Sphäroidschale. Sitzungsberichte der Kaiserliche Akad. Wiss.* Wien, Teil IIA, 102, 11~52

그림 3-4 오스트리아의 기상학자인 막스 마르굴레스로서 기상 역학 창시자 중의 한 사람이다.

갑기념 논문집에 발표한 짧은 논문[4]으로 기상학계에 공헌하였다. 이 논문에서 그는 연속 방정식을 사용하여 기압 변화를 예측할 수 있는 가능성을 고려하였다. 그는 기압 경향의 정확한 추정을 얻기 위해서는 바람 자료가 실용적인 한계를 넘는 정확도를 가져야만 한다는 것을 입증하였다. 그는 이러한 방법으로 종관 변화를 예보하는 시도를 한다면 백발백중 실패할 것이라고 결론을 내렸다.[5]

마르굴레스는 내성적인 성격을 가지고 있어 결혼하지도 않고, 다른 과학자들과 공동으로 연구하지 않았으며, 단독으로 활동한 고독한 사람이었다. 그는 그의 연구에 대한 식견의 부족에 대해 실망하고 환멸을 느껴 1906년 50세의 나이로 비엔나 기상대를 은퇴하여 아주 적은 연금으로 살아가게 되었다. 그의 연금은 1차 세계대전 동안에는 매우 삭감되어 월 400 크라운으로 현재 가치로는 1 유로에 해당하는 아주

4) über die Beziehung zwischen Barometerschwankungen und Kontinuitätsgleichung. In: Ludwig Boltzmann Festschrift, J. A. Barth, Leipzig

5) Lynch, Peter, 2003 : Margules's tendency equation and Richardson's forecast. Weather, 58(5), 186~193

형편없는 것이어서 최소한의 끼니를 잇지도 못하였다. 그의 동료들은 그를 돕기 위해 부단한 노력을 하였지만 마르굴레스는 매번 거절하였다. 막스 마르굴레스는 1920년 10월 4일 빈 근처의 페르히토르츠도르프에서 사망하였다. 기상 역학의 창시자 중의 한 사람인 마르굴레스는 의심할 바 없이 두뇌가 날카로운 이론가로서 그의 업적에 대한 평가는 그의 사후에 찬사를 받았다.

1890년부터 1925년까지 오스트리아의 많은 저명한 과학자들이 기상학 연구를 활발하게 수행하여 기상 역학, 종관 기상학, 기후학 분야에 큰 발전을 이루었다. 이러한 연구 그룹을 '비엔나 학파(Vienna School)'라 한다. 비엔나 학파의 가장 중요한 과학자 중에는 율리우스 한(Julius Hann, 1839~1921), 요제프 퍼트너(Josef Pertner), 빌헬름 트라버트(Wilhelm Trabert, 1863~1921)[6], 펠릭스 엑스너(Felix Maria Exner, 1876-1930), 빌헬름 슈미트(Wilhelm Schmidt), 하인리히 폰 픽커(Heinrich von Ficker, 1881~1957), 알베르트 데판트(Albert Joseph Maria Defant, 1884~1974), 막스 마르굴레스 등이 있었다. ▮

원하지 않은 미국 정착

1939년 7월, 8개월짜리 방문 강사의 제의를 받아들여 야코브 비야크네스는 가족과 함께 미국으로 갔다. 그러나 그 해 9월 1일 2차 세계대전(1939~1945)이 시작되었고 그 후 독일군이 노르웨이를 침공하였다. 이것이 야코브 비야크네스와 그의 가족이 미국에 체류하게 된 결과를 낳았다. 그는 1946년 미국으로 귀화하여 시

---

6) 오스트리아의 기상학자로서 인스브루크 대학교(1902~1908)와 비엔나 대학교(1908~1915)에서 교수를 역임하였다. 비엔나 대학교에서는 기상학·지구물리학 연구소 비엔나센터의 소장을 지냈다.

민권을 받게 되었다.

위험한 국제 정세는 미국으로 하여금 군사 작전에 필요한 상당한 수의 기상학자들을 당장 교육시키도록 하였다. 야코브에게 캘리포니아 대학교의 공군 기상 장교를 위한 훈련 학교의 구성을 요청하였다. 그의 부인은 라욜라에 소재한 스크립스 해양학 연구소에 가까운 로스앤젤레스 캠퍼스를 선택하도록 권유했다. 그는 해양학자들과의 공조가 중요하다는 견해를 가지고 있었다. 1940년 UCLA의 기상학 교수로서 물리학과의 기상학 전공 주임으로 발령을 받았다. 그는 MIT 기상학과에서 3년간 보낸 베르겐 기상대 출신의 노르웨이 기상학자인 외르겐 홈보(Jørgen Holmboe, 1902~1979)를 데리고 왔다. 전쟁 동안 야코브는 미 육군 항공대의 자문역으로 잉글랜드, 이탈리아, 하와이, 괌을 방문하였다.

1945년 새로운 기상학과가 야코브 비야크네스를 학과장으로 UCLA에 창설되었다. 새로운 학과는 빠르게 성장하였고 곧 대기과학 분야에서 교육과 연구를 선도하는 세계적인 센터로 성장하였다.

전쟁 동안 홈보와 협력하여 야코브는 상층 파동과 연관되어 성장하는 저기압의 문제점을 이론적으로 취급하는 시도를 하였다. 일부 사람들은 문제점을 해결하지 못하였다고 말하지만, 그들은 그러한 문제점에 새로운 빛을 던졌고 그들의 연구 성과는 그들의 최초 박사 과정 학생인 줄 차니(Jule Gregory Charney, 1917~1981)를 고무시켜 경압성 기류에서 성장하는 파동들을 수학적으로 해를 구해 최초로 설명하였다.

중위도 지방에서 발생하는 편서풍의 풍속은 고도에 따라 증가하고 보통 대류권계면에서 최대가 된다고 여러 해 동안 알려져

왔다. 예를 들면, 자오면 상에서 계산되는 평균 서풍의 분포는 1933년 빌헬름 비야크네스, 야코브 비야크네스, 할보르 솔베르그, 토르 베르셰론에 의해서 편찬된 ≪물리 유체 동역학(*Physikalische Hydrodynamik*)≫에 주어져 있었다. 전쟁 후 개선된 바람 측정으로 상층 편서풍 즉 제트류는 보통 앞서 가정된 것보다 더 강하다는 것이 밝혀졌다. 어떻게 이런 강한 기류가 마찰 소산을 극복하여 지구를 감싸면서 각 반구 전체를 유지할 수 있을까? 잉글랜드의 천문학자 겸 지구물리학자인 해럴드 제프리스(Sir Harold Jeffreys, 1891~1989)는 1933년 이미 각 운동량이 대기 파동과 맴돌이에 의해 저위도에서 중위도로 전달될 수 있다는 것을 제안함으로써 이러한 의문점에 대한 해답을 제의하였다. 제프리스 이론에 기초하여 야코브 비야크네스는 대기 대순환에 대한 주요한 연구 프로젝트를 시작하였다. 그의 주 공동 연구자는 미국 기상학자인 예일 민츠(Yale Mintz, 1916~1991)였으나 세계 여러 나라의 과학자들이 초빙되었다. 그들은 북반구 전체 자료를 수집하였고 각 운동량과 에너지의 자오면 플럭스와 여러 다른 통계 값들을 계산하였다. 그 결과들은 제프리의 이론을 증명하였고 그 당시 비슷한 프로젝트를 가동한 MIT의 빅터 스타(Victor Paul Starr, 1909~1976)와 그의 그룹 결과와 상당히 일치하였다. 현재 우리가 알고 있는 대기 대순환 지식은 이러한 두 개의 프로젝트에 의해서 발전된 것이었다.

말년의 연구

야코브 비야크네스가 60세 무렵인 1950년 말경, 그는 말년을 보낼 새로운 연구 분야인 대기와 해양의 상호 작용으로 전환하였다.

야코브는 이러한 새로운 분야를 채택하는 데 영감과 격려를 아끼지 않은 로스비, 스베드럽, 헬란-한센들을 신뢰하였다. 야코브가 해양학 연구를 시작한 때인 1957년 이들 3명의 과학자들이 죽었다. 헬란-한센은 구세대로서 프리드쇼프 난센과 함께 1차 세계대전 동안 대서양을 연구한 선구자였다. 야코브는 20년 동안 베르겐에서 동료로 지냈기 때문에 그와 난센의 연구에 대해서 잘 알고 있었다.

야코브는 먼저 20세기 초에 북대서양의 온난화에 대한 연구를 채택하여, 만류의 유속을 증가시키는 것이 바람 항력의 증가에 의해서 설명될 수 있다는 것을 찾게 되었다. 북대서양 해수면 온도의 '해해변동(interannual variation)'이 다음 번 연구 주제였다. 그는 이러한 온도 변동이 편서풍의 강세와 관련이 있다는 것을 발견하였다. 중위도 편서풍이 특정한 해에 특히 강하게 되면, 해수면 온도 이상이 아이슬란드와 그린란드의 남쪽에는 한랭 수가 되고 그랜드 뱅크스 밖의 만류에는 온난 수가 분포하는 전형적인 패턴으로 나타났다. 일련의 논문으로 그는 해수면 온도의 이상과 연관된 물리적 과정들을 논의하였고 관측된 해수면 온도 이상을 정량적으로 설명하였다.

태평양에 대한 야코브의 연구는 훨씬 더 주목할 만하였다. 그는 엘니뇨 현상을 조사하는 것으로 시작하였다. 매 2년에서 5년 주기로 페루 연안의 영양분이 풍부한 한랭 수가 남반구 여름에 쓸모없는 온난 수로 대체되어 페루 수산업에 대공황을 일으키고 바다 새에 의해서 구아노(guano; 조분석) 비료 생산을 극도로 감소시켰다. 이러한 사건을 엘니뇨라 부른다.

야코브는 엘니뇨가 페루 연안에만 국한되는 것이 아니라 전열대 태평양 상의 대기와 해양에 영향을 미치는 진동 과정의 증폭이라는 것을 발견하였다. 엘니뇨 해 동안, 광대한 동부와 중앙 적도 태평양 지역이 정상적인 해보다 2 K 이상 높아진다. 그러한 지역상의 대기는 열과 수분이 대단히 강력한 부수적인 원으로 나타날 수 있게 된다. 즉각적인 효과는 온난한 해수면을 가진 지역에는 국지적으로 강한 비가 내리게 된다. 그러나 야코브는 또한 해들리 순환이 강해지는 증폭 현상을 찾았고 그는 북반구 태평양 내의 서풍도 증가된다는 것을 발견하였다. 그러므로 멀리 떨어진 북미와 유럽의 날씨에도 영향을 미칠 가능성이 있다는 점을 발견한 것이다. 이렇게 아주 멀리 떨어진 지역의 '원격상관(teleconnection)'은 새로운 엘니뇨 에피소드가 발생할 때 재발되었다.

또한 야코브는 엘니뇨 현상과 남방진동 사이에 관련성을 확립하였다. 남방진동이란 1920년대 길버트 워커(Sir Gilbert Walker, 1868~1958)에 의해서 태평양과 인도양 사이에서 발견된 불규칙한 기압의 맥동 현상이다. 강수량 변동을 설명하기 위해서, 야코브는 태평양 적도 지역을 따라 나타날 수 있는 연직 대기 순환을 예견하여 이것을 워커 순환이라 불렀다. 왜냐하면 불규칙한 기압 맥동 현상의 강세가 워커의 남방 순환에 따라 변동하였기 때문이다. 그의 연구 결과에 따라, 우리는 현재 적도 태평양에서 나타나는 이러한 대규모 과정이 서로 관련성이 있다는 것을 알게 되었다.

대기와 해양의 상호작용에 관한 야코브 비야크네스의 연구는 특히 중요하다. 왜냐하면 이러한 과정들이 기후 이론에서 필수적인 역할을 담당하기 때문이다. 오늘날 인간 활동에 의해서 지구 기후가 위협받는 이때, 기후 변화를 예측할 수 있는 데 목표를 둔 연구들이 여러 나라에서 광범위하게 이루어지고 있다. 인간에게 지극히 중요한 그러한 연구는 야코브의 연구 결과와 그의 논문에서 제시된 가치 있는 아이디어 위에서 구축될 수 있다.

영예

야코브 비야크네스는 55년 동안 과학자로서 활동하였다. 그는 온화하고 친절한 사람으로 항상 학생들과 동료들의 문제점을 경청하는 시간을 가지고 현명한 조언과 지도로서 그들을 편안하게 해준 관대한 사람이었다. 그러나 그는 헛되이 시간을 낭비하지 않았다. 그가 깨어있는 시간에는 그가 연구하는 문제들에 전념하여 결코 서두르는 법 없이 꾸준히 일하였다.

야코브 비야크네스는 세계 각국으로부터 많은 영예를 안았다. 1940년 영국 왕립기상학회의 '시먼스 기념 금메달', 1945년 미국 지구물리연합의 '보위 메달', 1958년 스웨덴 지리학회의 '베가 메달'을 받았다. 또한 그는 1959년 세계기상기구로부터 '국제기상기구상', 1960년 미국기상학회의 '카를 구스타브 로스비상'을 수상하였다.

여러 해 동안 야코브와 그의 아내인 헤드미그는 산타 모니카의 집에서 많은 친구들과 동료들에게 후한 대접을 하였다. 그들은 또한 베르겐 외곽에도 집을 가지고 있어 때로는 노르웨이에서 휴가를 보내곤 하였다. 야코브는 노르웨이 동료들과 접촉을 가졌고 그들 중 많은 사람들을 방문 과학자로 UCLA에 초빙하였다.

다른 대기 과학자 이상으로 야코브 비야크네스는 불규칙하게 보이는 대기에 질서와 시스템을 만들려고 노력하였다. 75년이 지난 오늘날에도 그의 전선 저기압 모델이 전 세계 기상대에서 주된 도구로 여전히 사용된다는 것은 경이로운 일이다. 야코브 비야크네스 1965년 UCLA에서 정년퇴직하여 이 대학 명예 교수로서 연구에 종사하였다. 그는 1975년 7월 7일 로스앤젤레스에서 사망하였다.

읽을거리··· 엘니뇨, 라니냐, 남방진동

엘니뇨(El Niño)란 용어는(스페인어로 '아기 예수'를 뜻하는 남자아이) 본래 크리스마스 무렵 에콰도르와 페루 연안 지역에서 나타나는, 남쪽으로 향하는 난류를 일컫는 말이다. 차가운 물은 어류와 다른 해양 생물들로 가득 차게 하여 세계에서 가장 생물학적으로 생산력이 높은 지역이 되도록 한다. 엘니뇨 기간 동안에는 어류들이 사라지고 페루의 어업은 붕괴된다. 고기를 먹이로 삼는 바다 새들도 또한 어려움을 겪게 된다. 아주 나쁜 것은 온난한 엘니뇨는 내륙에 홍수를 일으키는 호우를 자주 동반한다. 도시 인구가 증가하기 전과 페루 경제가 어업에 의존되기 전은 엘니뇨는 비를 내려 사막을 정원으로 변환시키기 때문에 기쁨을 주는 일이었다.

처음에는 엘니뇨를 국지 현상으로 보았다. 그러나 1950년대와 1960년대에서는 전체 태평양을 가로지르는 해양 조건에 대한 자료의 사용이

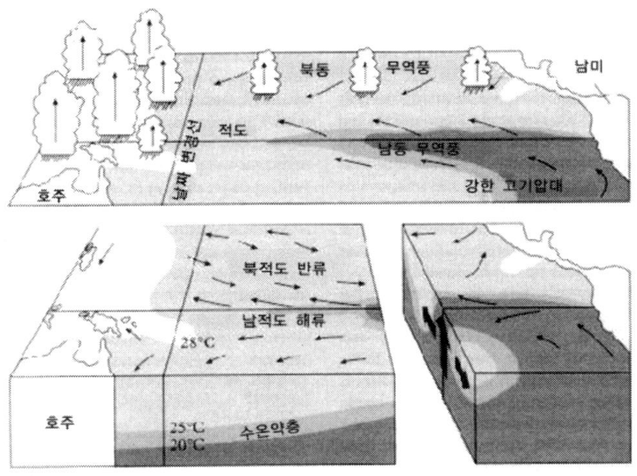

그림 3-5 라니냐가 발생하는 해의 열대 태평양 상에서 나타나는 대기 순환(위)과 해양 순환(아래)을 보여주는 모식도.

가능하게 되어 해양학자들은 비정상적인 조건들이 페루와 에콰도르 연안에만 한정되지 않는다는 점을 인식하였다. 온난한 해수는 열대 태평양 전체의 해양 순환 내에서 단지 한 면만이 존재하도록 일어나게 하여 태평양의 해수면 온도 패턴을 뚜렷하게 바뀌도록 한다.

또한 1950년대의 대기과학자들은 이러한 해수면 변화가 남방진동(Southern Oscillation)이라 불리는 현상과 밀접하게 연관되는 것으로 이해하였다. 남방진동은 1890년대부터 기상학자들이 연구하고 있었다. 남방진동은 열대 태평양과 인도양 상에서 일어나는 불규칙적인 대기 조건에 의해 해마다 변동한다. 이 진동의 한 위상 동안에는 무역풍이 강화되고 강우가 풍부하여 해수면 기압이 낮은 온난한 열대 서태평양 연안으로 수렴한다. 그러한 시간에서 열대 동태평양 상의 대기는 한랭하고 건조하다. 보상적인 위상 동안에 무역풍은 누그러지고 온난한 표층수대와 호우대는 동쪽으로 치우친다. 그리고 서쪽에서는 해수면 기압이 상승하고 반면 동쪽에서는 하강한다. 그림 3-5와 3-6은 이

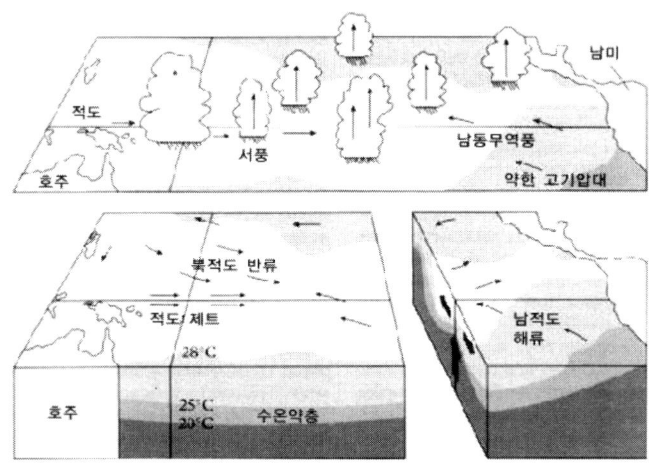

그림 3-6 엘니뇨가 발생하는 해의 열대 태평양 상에서 나타나는 대기 순환(위)과 해양 순환(아래)을 보여주는 모식도.

러한 두 위상 동안의 대기와 해양 조건을 설명하는 것이다. 그림 3-5는 라니냐(La Niña)(소녀라는 뜻)이고, 그림 3-6은 엘니뇨로 알려진 것이다.

엘니뇨 기간 동안 호우 지역이 동쪽으로의 치우침은 열대 동태평양에는 풍부한 강우를 가져오는 반면 오스트레일리아의 북부 지방과 동남아시아의 일부 지역 그리고 인도네시아는 가뭄에 시달리게 된다. 대기는 열대 태평양 상공뿐만 아니라 전 지구적으로 영향을 받게 된다. 인도 몬순이 약해지는 경향이 존재하고 동남 아프리카는 가뭄을 겪게 된다. 고위도의 날씨 패턴 또한 엘니뇨 기간 동안에는 비정상적이다: 캘리포니아 주와 멕시코 만에 면한 여러 주(텍사스, 루이지애나, 미시시피, 앨라배마, 및 플로리다의 5개 주)에서는 맹렬한 폭풍이 발생하며 특히 1994~1995년 겨울철에 뚜렷하였다. 표층해수가 비정상적으로 온난한 열대 중앙 태평양 상에서는 태풍의 발생 빈도가 증가하였다.

기상학적 관점에서 보면, 남방진동은 해수면 온도의 해해변화에 기여한다. 열대지방의 대기 운동은 지구 표면에서 가장 온난한 지역으로 수분을 많이 포함한 공기가 수렴하는 주로 직접적인 열적 순환에 반응한다. 그곳의 상승 운동은 탑상 적운 내에서 수증기의 응결을 일으키면서 숨은열을 방출하게 되고 이것이 상승 운동을 더욱더 강하게 만들어 결과적으로 바람을 수렴하게 한다. '워커 순환(Walker circulation)'은 동서성분으로 간주되며 특히 적도면에서 두드러진다. 그것은 열대 서태평양과 동남아시아의 온난한 해양성 대륙 상에 나타나는 상승 운동을 포함한다. 지상에서는 서쪽으로 향하는 무역풍을 그 지역으로 수렴 시킨다. 상층 공기는 동쪽으로 되돌아가게 하여 열대 동태평양의 한랭한 부분으로 침강하게 한다. 라니냐 기간 동안 상승운동 지역은 열대 서태평양 상에 한정된다. 엘니뇨 동안의 온난한 표층수와 수렴대는 동쪽으로 퍼지게 된다. 이런 이유로 갈라파고스 제도와 에콰도르 및 페루 연안은 강우량이 풍부해지고 반면 서태평양은 가뭄에 시달리게 된다.

1주일 또는 2주일 앞의 날씨를 예측하는 것이 어렵다 하더라도 대기 모델들은 남방진동과 연관된 대기 조건들의 해해변동을 실제적으로 재구성한다. 모델은 특정 날의 조건을 예보하는 것이 아니라 한 달 이상 광범위한 기간 동안의 평균 상태를 예보하는 것이다. 모델의 성공은 해수면 온도 패턴 변화를 정확하게 인식하는 것에 달려 있다. 다시 말하면, 남방진동은 만약 해수면 온도변화가 주어진다면 대기 모델로서 예측될 수 있다.

다음 단계는 해수면 온도의 해해변화를 설명하는 것이다. 라니냐 동안 강력한 무역풍은 동쪽에서 표면에 한랭한 물을 노출시키는 동안에 온난한 표층수를 서쪽으로 움직이게 한다. 그러므로 적도면에서는 그림 3-3에서 보는 바와 같이 서태평양에서는 등온선이 깊고 동쪽에서는 얕다. 엘니뇨 동안에 바람이 약화되게 될 때는 온난한 표층수는 한랭한 물 위로 질주하여 동쪽으로 되돌아간다. 다시 말하면, 해수면 온도내의 해해변화는 상층 해양의 온난한 표층수의 수평적인 재분포에 관련된다. 강력한 동서 방향의 표층해류는 수평적인 재분포에 영향을 미쳐 그림 3-5와 3-6에서 보여주는 바와 같이 서태평양에서는 등온선이 올라가도록 만들고 동쪽에서는 깊어지도록 만든다. 바람을 변화시키는 해양의 반응은 해류의 변화뿐만 아니라 해양을 횡단하여 앞뒤로 움직이는 해파들을 고무시킨다. 이러한 해파들은 해수면이 아니라 어떤 깊이에서의 한랭한 해수로부터 그 위층의 온난한 해수를 분리해내는 '수온 약층(thermocline)'이라 부르는 경계면에서 크게 나타난다. 결과적으로 해파들은 바람이 변화한 후에는 해양을 새로운 평형 상태로 가져오게 한다. 태평양을 횡단하여 해파들이 전파되는 시간은 남방진동의 시간 규모를 결정하는 데 중요하다. 이 진행 시간은 1년 이상이다.

남방진동과 관련된 바람의 해해변화는 해수면 온도 변화를 일어나도록 하거나 해수면 온도 변화에 의해서 이루어진다는 일반적인 설명은 대기와 해양 사이의 상호작용이 불안정하고 초기 섭동을 증폭시킬 수 있는 경우에 적용된다. 라니냐 기간 동안에는 무역풍을 아주 약하게 할 만큼의 섭동양이 존재한다고 가정한다. 이러한 바람은 서쪽 내에서 온난한 표층수를 유지하도록 하여 섭동에 대한 해양의 반응이 서태평양 상의 온난 표층수대를 따라 동쪽으로의 확장으로 나타나도록 한다. 해수면 온도 내의 연관된 변화는 초기의 약화되어 있는 무역풍을 강화시키면 교대로 온난 해수를 동쪽으로 멀리 멀리 흐르도록 야기한다. 이 점증하는 상호 활동을 해양과 대기 사이의 양의 되먹임으로 부르며 이것이 엘니뇨를 이끈다. 일단 온난 조건이 태평양을 가로질러 탁월하게 되면 새로운 섭동이 엘니뇨와 라니냐 사이의 연속적인 진동을 이끄는 되먹임을 초기화할 수 있다. 만약 이것이 이러한 경우라면 엘니뇨는 거의 예측할 수 없게 될 것이고 3~5년의 간격으로 아주 규칙적으로 재발되지는 않을 것이다.

남방진동의 연속적인 성질에 가장 중요한 것은 바람과 해수면 온도 패턴의 변화에 각각 반응하는 해양과 대기의 상이한 방법이다. 대기는 수주일 내에 해수면 온도 패턴 변화에 대단히 급격하게 조절된다. 결과적으로 그것은 짧은 '기억력'을 가진다. 그러나 완만한 해양은 오랜 기억력을 가지고 있다. 바람의 갑작스런 변화 후에 해양이 새로운 바람과 평형 상태를 이루는 데는 1년 이상이 소요된다. 그러한 기간 동안 '해양저(ocean basin)'를 천천히 횡단하여 이동하는 '복류파(subsurface wave)'들은 바람의 앞서의 변화를 생각나게 해 주는 것이다. (조그만 인도양 상의 바람의 급격한 변화는 해양학자로 하여금 태평양에서 유효한 것 이상으로 훨씬 이상적인 상황설정 내에서 해양 조절을 연구하기 위한 탁월한 기회를 가지게 한다.) 해양의 오랜 기억력 때문에 어떤 임의의 시각에서 해양의 상태는 그 시각에 탁월한 바람뿐만 아니라 앞서의 바람에 의해서 결정된다. 예를 들면, 엘니뇨 기간 동안의 약한 바람은 그 기간 동안의 열대 동태평양상의 온난 표층수에 공헌한다. 그러나 이러한 조건들은 해파들이 앞서의 한랭 라니냐 동안에 야기되기 때문에 지속되지 않는다. 그들이 최종적으로 열대 동태평양에 도달할 때는 그곳의 해수면 온도를 변화시킬 것이고 이에 따라 엘니뇨가 종결되고 라니냐가 새로 시작된다. 한랭한 라니냐 조건은 선행 엘니뇨가 그들을 종식시키는 동안에 해파가 야기되기 전까지 잠시 동안 지속될 것이다.

위에서 기술한 메커니즘은 엘니뇨와 라니냐 사이의 남방진동이 완벽하게 주기적이라는 가능성을 허용한다. 이런 경우의 현상은 조석만큼 예측할 수 있을 것이다. 실제적으로 진동은 아주 불규칙적이다. 왜 이것이 그렇게 되는가를 탐구하기 위해서 그리고 엘니뇨의 출현을 예측할 수 있도록 하기 위해서 과학자들은 이러한 현상에 대한 모델을 개발하고 있다. 어떤 모델은 대기와 해양 성분 모두를 가지고 있다.

모델은 임의의 시각에서 대기와 해양의 상태의 기술로부터 시작한다. 이후 해양 성분은 여러 날 동안 어떻게 해양 조건이 계속적으로 발전시킬 것인가? 그리고 어떻게 해수면 온도가 변화될 것인가를 예측한다. 다음 대기 모델은 새로운 해수면 온도에 반응하여 바람이 변할 것인가를 예측한다. 새로운 바람은 새로운 해수면 온도 패턴 등을 만들기 위해서 해양 모델을 유도한다. 그렇게 개발된 두 종류의 해양과 대기가 결합된 모델은 실제적인 엘니뇨와 라니냐 상태 사이의 해해진동을 재생산할 수 있다. 이러한 모델들은 잡음(예를 들면 무작위 날씨 요란)이 삽입되지 않는다면 완벽하게 주기적인 진동을 모의하게 된다. 잡음이 내재되는 경우의 해해진동은 불규칙이 될 것이다. 만약 결합된 모델들이 해양과 대기에서 관측된 조건으로부터 시작한다면 어떻게 조건들이 1년 이상 변화할 것인가를 예측할 수 있을 것이다. 그 후 관측으로부터 지정된 초기 조건의 오차가 증폭되기 때문에 예보의 정확성은 급격하게 저하된다. 그러한 모델로서 1991년 여름에 엘니뇨가 그해 말경에 발달할 것이라고 예측할 수 있었다. 예보는 열대 태평양 내의 조건에 관한 것뿐만 아니라 캘리포니아 주와 텍사스 주의 일부 지역에서는 1991년 말부터 1992년 초까지 맹렬한 폭풍에 시달리게 될 것이고 반면 미국의 북서 지역은 예외적으로 온난하고 건조한 겨울이 될 것이라는 예측에 대해서는 정확하게 맞았다.

열대 대서양과 태평양은 많은 유사성을 가진다. 두 해상 모두 편동 무역풍이 탁월하고 두 해상 모두 동쪽에서는 낮은 해수면 온도와 적은 강우량 서쪽에서의 높은 해수면 온도와 많은 강우량을 가진다. 그러므로 보통 건조한 서남아프리카 연안에서 표출되는 한랭한 표층수가 호우를 가져오는 온난 표층수로 대체되는 열대 대서양이 엘니뇨와 유사한 해해변동 현상을 가진다는 것은 별로 놀랄 일이 아니다. 그러한 출현은 더욱 돌발적이고 태평양보다 대서양에서 더 낮은 진폭을 가진다.

엘니뇨는 단지 해양과 대기 사이의 상호작용에 의해서 일어나는 기후 변동의 한 예이다. 유사한 상호작용은 일반적으로 기후 변동성에 기여하는 것으로 믿고 있다. 예를 들면, 아프리카의 장기간 가뭄, 인도 몬순이 이루어지지 않는 것 및 북미와 유럽의 겨울철 추위의 차이를 들 수 있다. 현재 연구는 엘니뇨의 현상을 예측하고 예측의 개선에 방향을 잡고 있다. 특별한 관심은 매 십 년 동안의 변동이다. 여기에는 해해진동을 조절하는 것, 아주 빈번한 엘니뇨 사건의 원인 및 다른 것보다는 어떤 십 년 동안의 에너지 등에 관한 것들이 포함된다. 예를 들면, 엘니뇨는 1930년에서부터 1960년 태평양 내에 온난 조건이 탁월할 시기 동안에는 아마도 산발적으로 일어났을 것이다. 1990년 이후 온난 조건의 지속성은 우리가 현재 유사한 기간에 들어와 있다는 것을 지적할 수 있다. ▮

| 연대기 |

1897	11월 2일 스웨덴의 스톡홀름에서 태어남
1907	노르웨이로 이사함
1916	아버지를 돕기 위해 라이프치히 지구물리 연구소로 감
1917	노르웨이 베르겐으로 옮김
1918	박사 학위를 취득함
1919	박사 학위 논문인 ≪이동하는 저기압의 구조에 관하여≫가 출판됨
1920	서부 노르웨이 날씨 예보대 대장으로 지명됨
1922	스위스 기상 연구소의 초빙 컨설턴트로 스위스 취리히에 감
1924	오슬로 대학교로부터 박사 학위(Ph.D)를 취득함
1928	헤드비그와 결혼함
1931	베르겐 박물관에 설립된 기상학과 교수를 맡음
1939	방문 강사로 미국에 감
1940	UCLA의 기상학 교수가 됨
	영국 왕립기상학회로부터 시먼즈 기념 메달을 수상함
1945	UCLA 초대 기상학과 학과장이 됨
	미국지구물리연합의 보위 메달을 수상함
1946	미국으로 귀화함
1958	스웨덴 지리학회의 베가 메달을 수상함
1959	국제기상기구 상을 수상함
1960	미국기상학회로부터 카를 구스타브 로스비 상을 수상함
1965	UCLA에서 정년퇴임 후 명예 교수로 연구를 수행함
1975	7월 7일 로스앤젤레스에서 사망함

4장

카를 구스타브 로스비

(Carl-Gustaf Arvid Rossby, 1898~1957)

로스비 파동으로 유명한 스웨덴 기상학자

기상학을 과학으로 바꾼 사람

스웨덴의 기상학자인 카를 구스타브 아르비드 로스비는 1920년대 후반부터 1950년 초반까지 MIT, 시카고 대학교, 스톡홀름 대학교에서 기상 연구 프로그램을 결성하여 많은 유명한 제자들을 길렀다. MIT 시절 그가 가르친 제자에는 퍼킨스(C. Perkins), 호러스 바이어스(Horace Byers, 1906~1998), 레이먼드 몽고메리(Raymond Montgomery, 1910~1988), 해리 세이웰(Harry Seiwell), 릿치 심머스(Ritchie Simmers, 1905~1984), 해리 웩슬러(Harry Wexler, 1911~1962)가 있다. 시카고 대학교에서는 모리스 나이버거(Morris Neiberger), 빅터 스타(Victor Paul Starr, 1909~1976), 데이브 풀츠(Dave Fultz, 1921~2002), 리드 브라이선(Reid Bryson, 1920~), 샤오란 쿼

(Hsiao-Lan Kuo, 1915~2006), 조지 프라츠만(George W. Platzman, 1920~), 투청 예(Tu-Cheng Yeh, 1916~), 조지 크레스먼(George Palmer Cressman, 1919~), 이핑 셰(Yi-Ping Hsieh, 1917~1995), 조안 말커스(Joanne Malkus, 1923~)[1], 체스터 뉴턴(Chester W. Newton, 1920~2002), 존 프리먼(John C. Freeman, 1920~2004)이 있다. 그리고 스톡홀름 대학교에서는 렉스(D. Rex), 버트 볼린(Bert Bolin, 1925~)[2], 에릭슨(E. Eriksson), 액셀 위인 닐센(Aksel C. Wiin-Nielsen)[3], 보 되스(Bo R. Döös)가 있다. 그러므로 사람들은 카를 로스비를 영원한 스승(mentor)으로 생각하고 있다.

학창 시절

스웨덴 기상학자인 카를 구스타브 아르비드 로스비는 1898년 12월 28일 스웨덴의 스톡홀름에서 출생하였다. 그는 1918년 스톡홀름 대학교에서 이론 수학으로 학사 학위를 받고 졸업하였다. 졸업 후 그는 베르겐 지구물리 연구소로 자리를 옮겼다. 이곳에서 그는 노르웨이 기상학의 전성시대 동안 빌헬름 비야크네스와 함께 기상학 문제뿐만 아니라 해양학 문제에 대해서 연구하였다.

스웨덴 기상·수문대 시절

1921년 그는 빌헬름 비야크네스를 따라 라이프치히 대학교에서

---

1) 미국에서 기상학으로 박사 학위를 받은 최초의 여성이다.

2) 스웨덴의 기상학자로서 1988년부터 1998년까지 IPCC 위원장을 역임하였다.

3) 덴마크의 지구물리학자로서 코펜하겐 대학교 닐 보아 연구소에서 연구하였다.

1년 동안 연구한 후 1922년 스톡홀름으로 돌아와 스웨덴 기상·수문대(Swedish Meteorological Hydrologic Service)에 자리를 잡았다. 몇 년 후 로스비는 날씨 예보에 기단을 사용하는 비야크네스의 아이디어를 더욱더 개발하였다.

스웨덴 기상·수문대 근무 시절인 3년 동안, 기상학자로서 영국제도 부근의 노르딕 해에 있는 얀 마이엔 섬에 대한 해양 탐사와 포르투갈과 마데이라 제도 탐사에 참여하였다. 그는 또한 이 기간 동안 수리 물리학을 전공하여 1925년 스톡홀름 대학교에서 '박사 학위(Licentiat)'를 취득하였다.

미국으로 이주

1926년, 로스비는 스칸디나비아-미국 재단(Scandinavian-American Foundation)으로부터 워싱턴 D. C.에 소재한 미국 기상국에 파견되어 연구할 수 있는 특별연구원 연구비를 1년 동안 받게 되었다. 그 당시 미국 기상국은 미국 내의 유일한 기상 센터였다. 이것이 미국에 20년간 머물게 되는 시초가 되었다. 이곳에서 일하는 동안, 그는 대기 중의 난류와 성층권의 역학에 관한 여러 편의 논문을 발표하였다. 그는 또한 이 기간 동안 미국 시민권을 얻었다.

1927년, 그는 미국 기상국을 퇴직하여 캘리포니아 주로 이주하였다. 이곳에서 그는 '항공학 장려를 위한 다니엘 구겐하임 재단(Daniel Guggenheim Fund for Promotion of Aeronautics)'에서 후원을 받아 민간 항공을 위한 기상 서비스를 구축하였다. 이것은 후에 항공기상 서비스의 기초가 되는 모델이 되었다.

MIT 시절

그 다음 해인 1928년, 그는 MIT에 신설된 기상학과 교수로 지명되어 최초의 학과장을 지냈다. 그는 최초의 대학교 기상학 프로그램을 고안하였고 11년 동안 MIT에 근무하면서 기단의 열역학, 대기와 해양 내의 난류, 경계층에 대해서 연구를 계속하였다. 그 뒤 그는 대규모 대기 운동에 대해서 굉장한 관심을 가지게 되었다.

그가 MIT에 있던 1930년대, 로스비는 고도가 높은 곳으로부터 기압, 기온, 다른 변수들을 연구하여 이론화시키기 시작하였다. 기상학자들은 대기 대순환에 관한 새로운 정보를 얻게 되었다. 그는 작은 비행기를 임대하여 보스턴 공항으로부터 매일 날씨 관측 비행을 수행하였다. 그런 다음 그는 거대한 수평 파동의 새로운 패턴을 알게 되었다. 오늘날 이것은 '로스비 파동(Rossby wave)'으로 알려져 있으며 로스비 파동은 극지방 소용돌이의 원소이다.

읽을거리… 열대 기상학의 아버지 : 허버트 리일

독일 태생의 미국 기상학자로서 열대 기상학의 아버지로 불리는 허버트 리일(Herbert Riehl, 1915~1997; 그림 4-1)은 1915년 독일 뮌헨에서 태어났다. 그는 1933년 미국으로 이주하여 1939년 미국 시민권을

그림 4-1 열대 기상학의 아버지인 독일 태생의 미국 기상학자인 허버트 리일.

획득하였다. 1942년 뉴욕 대학교에서 기상학으로 석사 학위를 받았다. 1934년부터 1942년까지 그는 워싱턴 대학교 기상학과에서 학생들을 가르쳤다.

미 육군항공대와 시카고 대학교는 공동으로 적도 지역의 날씨 연구를 위해서 1943년 푸에르토리코 대학교 캠퍼스에 열대 기상학 연구소(Institute of Tropical Meteorology)를 창설하였다. 리일은 이 연구소의 일원이었다. 그는 1945년부터 1946년까지 연구소 소장 직을 수행하였다. 1946년 그는 시카고 대학교로부터 박사 학위를 수여 받았고 1960년까지 연구원으로 근무하였다. 1960년 그는 콜로라도 주 포트콜린스로 이주하여 콜로라도 주립 대학교에 대기 과학과를 창설하였다. 그는 1968년까지 학과장으로 봉사하였고 1972년까지 교수로 봉직하였다. 1972년 그는 독일 베를린 자유대학의 기상학·지구물리학 연구소(Institute of Meteorology and Geophysics)의 소장 직을 받아들였다.

1976년 리일은 국립대기연구센터(National Center for Atmospheric Research; NCAR), 연방정부, 콜로라도 대학교가 공동으로 설립한 환경과학 공동연구소(Cooperative Institute for Research in Environmental Sciences)의 책임

과학자로 근무하기 위해 보울더로 이사하였다. 그는 이 자리를 1989년까지 유지하였다. 은퇴한 후에도 리일은 남미와 북미 모두를 자문하면서 열대 기상학 연구를 활발하게 하였다. 그는 1997년 6월 1일 콜로라도 주 덴버에서 82세의 일기로 영면하였다.

리일은 1950년대와 60년대 미국 국립 허리케인 연구비행 프로그램에 자문역을 맡았고 초기 참여자로도 활동하였다. 그는 또한 BOMEX와 GATE 프로그램에도 참여하였고 1968년과 1972년 베네수엘라기상·수문실험 프로그램(Venezuela Meteorological and Hydrological Experiment Program)을 조직하였다.

그는 150편 이상의 논문을 발표하였고 다수의 저명한 저서를 남겼다. 그의 초기 연구는 열대저기압, 편동풍파, 열대 기상학 분야에 관한 것이었다. 또한 그는 대기대순환, 제트류, 중위도 일기예보, 대기물순환, 기후 변화, 대기 오염 등에도 연구를 활발히 하였다. 첫 번째 저서는 1954년에 출판된 ≪열대기상학(*Tropical Meteorology*)≫으로 고전적인 교과서가 되었다. 두 번째 저서는 ≪대기과학개론(*Introduction to the Atmosphere and Climate*)≫으로 1971년에 출판되었다. 세 번째 저서는 로버트 심프슨(Robert Simpson)과 공동으로 출판한 ≪허리케인과 그의 영향(*The Hurricane and Its Impact*)≫이다. 네 번째 저서는 1979년에 출판된 ≪열대 지방의 기후와 날씨(*Climate and Weather in the Tropics*)≫이다.

그의 화려한 경력 속에서 리일은 많은 명예를 안았다. 그 중에는 미국기상학회(AMS)가 수여한 1948년 '클레런스 르로이 메싱어 메달'과 1979년 카를 구스타브 로스비 연구메달과 1962년 미국 항공우주연구소(American Institute for Aeronautics and Astronautics)가 수여한 '로지상'이 있다.

허버트 리일은 1941년부터 미국기상학회 회원이 되었고 미국지구물리연합(American Geophysical Union; AGU), 미국 항공우주 연구소, 미국과학진흥협회(American Association for the Advancement of Science; AAAS),

영국 왕립기상학회, 시그마 사이(Sigma Xi)의 회원이었다.

'허버트 리일 기념상'은 앞서 18개월 동안 심사위원으로부터 최고의 기술 논문으로 채택된 대학원생에게 수여하기 위해서 콜로라도 주립 대학교 대기 과학과에서 제정한 것이다. ▮

시카고 대학교 시절

1939년, 그는 연구 부책임자로 1년 남짓 미국 기상국에서 다시 근무한 다음 1940년 시카고 대학교에서 기상학 연구소의 소장이 되었다. 시카고에 도착한지 얼마 되지 않아 로스비는 긴 대기 파동(로스비 파동)을 설명하는 그의 이론을 개발하였다.

회전하는 지구상에서 공기의 유체 흐름에 대한 방정식을 사용하여, 로스비는 극지방 바람에서 굽이치는 상황이 일어나는 조건을 예측할 수 있었다. 이에 따라 부분적으로 대기 파동의 '변경(shifting)'을 설명할 수 있게 되었다. 대규모 날씨 현상은 이러한 변경에 의존하기 때문에, 그의 방정식은 이론적으로 변화하는 대규모 날씨 패턴을 예보할 수 있도록 하였다.

2차 세계대전 동안에는 정부 기관을 자문하여 중요한 공헌을 하였다. 미국 기상학자뿐만 아니라 영국 기상학자들도 그가 방문하여 행하는 연설에 큰 영향을 받았다. 전쟁이 끝난 후, 시카고로 돌아왔지만, 정착하지는 못하였다. 스웨덴은 그에게 계속적으로 귀국을 종용하였다.

스톡홀름 대학교 시절

1947년 그는 스톡홀름 대학교와 연결된 기상학 연구소(Institute of Meteorology)를 설립하는 데 선구자가 되어 초대 소장을 지냈다. 이 연구소는 실제로는 국제 기상학 연구소로 알려져 있으며 연구비는 스웨덴뿐만 아니라 미국 그리고 UNESCO와 IUGG를 포함한 국제단체로부터 보조금을 제공받았다. 학생들은 전 세계로부터 몰려왔고 국제 세미나가 그의 지휘아래 열려서 유명하게 되었다.

업적

로스비의 업적은 기상학을 과학으로 바꾼 것으로 고려되고 있다. 또한 그는 해류를 연구하였고 제트류의 기본 개념을 개발하였다. '제트류(jet stream)'란 이름은 로스비가 명명한 것이다. 전자계산기의 출현으로 인하여, 로스비의 계산과 방정식은 복잡한 예보 기술 개발에 적용될 수 있었다.

과학 논문에 대한 로스비의 개인적인 업적의 수는 많지 않으나 질과 독창성의 관점에서 보면 몇몇은 대단히 뛰어난 것이었다. 후반 20년 동안 그는 대기 난류와 기압 변화의 이론에 대한 초기 논문들을 발표하였다. 30년 동안 그의 관심은 해양학과 기상학 사이에서 계속되었다. 이는 MIT와 우즈 홀 해양 연구소에 시리즈로 발표한 일련의 논문에서 예를 찾을 수 있다. 즉, 1932년에 발표한 <혼합 길이 이론의 일반화(*A generalization of the theory of the mixing length*)>, 1935년에 발표한 <바람과 해류의 영향을 받는 마찰층(*The layer of frictional influence in wind and ocean currents*)>, 1936년의 <해수면에서의 운동량 전달에 관해서(*On the momentum transfer at the sea surface*)>와 <정상 상태 해류의 역학(*Dynamics of steady ocean currents*)>을 들 수 있다. 대규모 순환에 대한 그의 지대한 관심은 1937년부터 1939년까지 <Journal of Marine Research>지에 발표된 논문에서 볼 수 있다. 그러나 1939년과 1940년에 발표한 논문에서 가장 값진 사고를 아마도 찾을 수 있을 것이다. 즉 1939년 <Journal of Marine Research>에 발표된 '대상 순환의 강도 변동 사이에서의 관계 (*Relation between variations in the intensity of the zonal circulation*)' 등과 1940년 왕립기상학회지인 <쿼틀리 저널(Supplement)>에 발표된 '전 지구 흐름 유형(*Planetary flow patterns*)'이다. 이들 논문들은 대기 순환의 연구에서 한 매개 변수로 '소용돌이도(vorticity)'의 가치를 확립시켜 현재 우리에게 친숙한 로스비 파동의 개념을 불러 일으켰다. 전자계산기 방법은 후에 순압 방정식의 수치 적분에 적용되었다. 이 시기부터 스톡홀름으로 귀환한 후까지도 로스비의 주된 생각은 자유 대기에서 관측한 자료에서 급격한 값의 증가로 인해서 유발되는 대규모 문제였다.

로스비의 이름을 딴 여러 가지 기상학적 용어들이 존재한다. 즉 기단의 동질성을 확인하는 로스비 다이아그램, 중위도 지방 상공에서 발견되는 거대한 수평 파동인 로스비 파동, 로스비 파동의 속력을 결정하는 로스비 방정식이다. 또한 로스비의 이름을 딴 상은 미국기상학회에서 수여하는 대기 과학에서 최고상인 '카를 구스타브 로스비 연구 메달(Carl Gustaf Rossby Research Medal)'이 있다. 1953년 그는 두 번째 수상자로 선정되었다. 카를 구스타브 로스비는 1957년 8월 19일 스톡홀름에서 그의 영향력이 최고조로 달하고 명성을 얻은 상태에서 사망하였다.

읽을거리... 편서풍 파동과 제트류

대기 운동은 매우 다양하게 나타난다. 이들에 대한 공간 규모는 사람이 생활하는 규모에서부터 전 지구적인 규모로 일어난다. 또한 시간 규모는 수초에서부터 수년까지 나타난다. 다양한 대기 운동들은 공간과 시간 규모에 따라 대규모, 중간 규모, 및 소규모의 운동으로 구분한다. 대규모는 다시 전 세계적으로 일어나는 전 지구 규모와 지역적으로 나타나는 종관 규모로 구분한다.

2차 세계대전 이전에는 상층관측은 거의 이루어지지 않았으나, 그 후 비행기와 라디오존데 관측망으로 상층 자료를 수집하기 시작하였다. 이러한 관측 결과로 알려진 사실은 전향력이 약한 적도 부근을 제외하고는 대류권 상층의 바람은 서풍계열 즉 편서풍이 탁월하다는 것이었다.

상층에 편서풍이 탁월한 이유는 무엇인가? 기체 법칙에 의하면 찬 공기는 따뜻한 공기보다 밀도가 크게 나타난다. 그러므로 기압은 따뜻한 공기의 기주보다는 찬 공기의 기주에서 더욱더 급격히 감소한다. 그림 4-2는 이러한 사실로 나타난 고도에 따른 북반구 기압의 연직 분포도이다. 그림의 오른쪽은 따뜻한 적도 지방이고 왼쪽은 차가운 극지방이다. 실선은 고도에 따른 정상적인 기압 분포를 표시하며, 모든 위도에서의 지상 기압을 일정하다고 가정하였다. 온도가 가장 높은 적도 상에서는 기압이 차가운 극지방보다는 훨씬 천천히 감소하고 있다. 결국 상대적으로 높은 기압이 적도 상에 존재하고 낮은

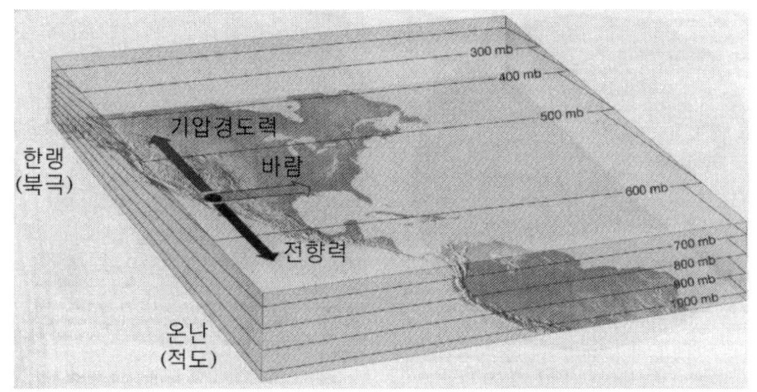

그림 4-2 상층에 편서풍이 부는 이유를 설명하는 그림.

기압은 극 쪽에 존재하게 된다. 그러므로 결과적인 기압 경도는 남쪽에서부터 북쪽으로 향하게 된다. 기압 경도력과 이에 반대 방향으로 작용하는 전향력의 힘의 평형에 의해서 강한 편서풍이 기압 경도력의 오른쪽 90° 방향에 나타난다. 이 그림에서 보면 편서풍은 그림 속으로 불게 된다. 그림 4-2에서 보는 바와 같은 적도와 극 사이의 온도 경도가 지구상에서 아주 전형적으로 나타나기 때문에 상층 편서풍이 나타나는 것이 예상되며 관측으로 증명되고 있다. 또한 기압 경도는 고도에 따라 증가함을 알 수 있다. 이러한 결과로 풍속도 그렇게 나타난다. 이러한 풍속 증가는 단지 대류권계면까지 계속된다. 이곳에서는 온도 경도가 역전된다(극 쪽이 더 따뜻하다). 이런 이유로 편서풍은 대류권 꼭대기에서 최댓값을 가지며 성층권으로 올라가면 감소한다.

주요 풍계의 순환형을 충분히 설명하기 위해서는 대류권 하층에서 수평적으로 일어나는 어떤 순 이동에 대한 보상 작용으로 상층에서 나타나는 공기의 교환을 알아야 할 필요성이 있다. 대류권 상층, 대류권 하층 그리고 어떤 경우에는 중간권에서도 가능한 강한 기류는 대

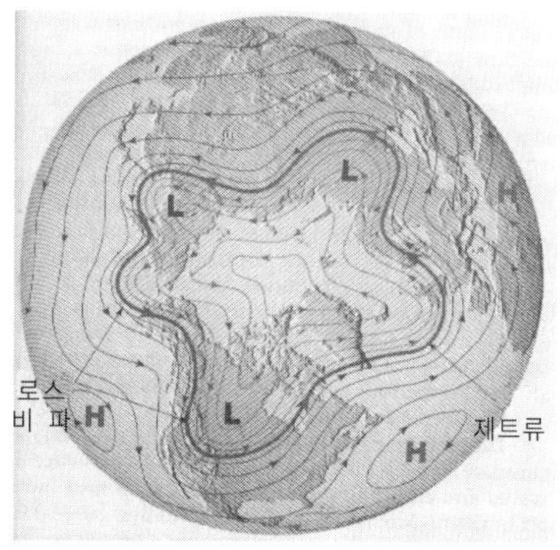

그림 4-3 북반구 상층 편서풍대에서 나타나는 로스비 파. 굵은 선은 전형적인 제트류의 궤적을 표시한다.

기 대순환 내에서 열적, 수분 평형에 기여하고 있다. 대류권에는 상공으로 올라가면 갈수록 평균 바람은 지표면과는 다르게 위도에 평행하게 불고 있다. 그러나 위도 0°에서부터 30°사이와 60°에서부터 90°에서는 바람이 약간 극 쪽으로 편향하고, 중위도 지방에서는 적도 쪽으로 편향한다. 3차원 순환에서의 연직 운동은 열대 수렴대와 한대 저기압에서는 상승 운동이고 아열대 고압대와 극 부근에서는 하강 운동이다. 이러한 연직 이동은 수평 운동과 비교해보면 그 값은 아주 작지만 대기 대순환 유지와 폭풍 발달에 있어서는 아주 중요한 역할을 한다.

지상으로부터 수 km 상공의 바람 풍속은 편서풍대 내에서 아주 강하게 나타나며, 지구 주위에 파동 모양의 이동 경로를 보인다(그림 4-3). 이러한 파동은 대규모 운동계에서는 지구 자전축에 대하여 일정한 회전력(각운동량)을 유지하고자 하는 바람 때문에 나타나는 경향을 보인다. 적도 쪽으로 이동하는 기류는 저위도로 갈수록 자전축과의

거리가 증가하기 때문에 지표면과 관련된 저기압성 곡률(북반구에서는 시계 방향)을 취하여야 한다. 반대로 극 쪽으로 이동하는 기류는 자전 속도가 아주 느린 극축 부근에 접근함에 따라 고기압성 곡률을 가져야 한다(이러한 효과는 지구상에서 아주 잘 나타난다). 이러한 결과로 나타나는 로스비 파동은 그 파장이 3,000에서부터 6,000 km정도이고 편서풍대에서 나타나는 저기압과 고기압의 지상 이동 경로에 상응하는 파수가 3내지 6개 정도로서 지구 주위를 돌고 있다. 이들의 파장, 진폭 그리고 위치는 지표면의 부등 가열과 산맥에 영향을 받는다. 주요 파들은 로키 산맥, 안데스 산맥 그리고 중앙아시아와 남아프리카 고원 지대에 잘 나타난다. 이러한 장파들은 기류들이 이들 내에서는 빠른 속도로 이동하더라도 보통 상당한 기간 동안 정상파로 나타난다.

제트류의 존재는 2차 세계대전 중 미 공군 폭격기들이 일본령 섬들을 공격하기 위해 출격할 때 어떤 때는 약간 빗나가 도착하고 어떤 경우에는 목표 지점을 찾지 못하고 귀환하는 이유를 찾던 도중에 극적으로 알려지게 되었다. 귀환 도중에 어떤 경우는 비행기 꼬리 부근의 바람이 시속 300 km을 나타내기도 하였다. 오늘날 상업 비행기들도 이러한 바람을 이용하여 속도를 증가시키고 있다. 자연적으로 동쪽에서 서쪽으로 비행할 때에는 이익이 되지만 반대인 경우에는 방해를 받게 된다.

대류권 상층 편서풍 파동 내에서 최대 속도가 나타나는 부분을 제트류라 하며 이것은 대류권계면 부근 8내지 15 km 고도에서 아주 좁은 영역에 걸쳐서 강한 바람대를 형성하고 파동으로 이동한다. 한대전선 제트류는 겨울철에 최대 풍속과 범위를 나타내며 이때 중심부의 풍속은 50 m/s 이상이고 파수는 2개 내지 3개 정도이다. 북반구에서 주요 제트류계는 상층 편서풍 파동의 일부분으로 북에서 남으로 파동을 치며 특히 대륙 상공에서는 훨씬 더 적도 쪽으로 내려간다. 어떤 경우에는 분리되기도 한다. 한대 전선과 관련된 이들의 위치는 저기압성 폭풍의 발생 기구를 이뤄내며 대륙을 횡단하는 엄청난 양의 열과 수증기의 수송에 기여하도록 유발 시킨다. 여름철에 한대 전선 제트류의 평균 위치는 겨울철보다 훨씬 고위도에 위치하며 그들의 풍속은 거의 반 정도로 감소하고 범위도 축소된다. 남반구에도 이와 비슷한 제트류 계가 존재하며 남아메리카, 호주 그리고 뉴질랜드 상공에 위치한다.

아열대 고압부 상공에 나타나는 풍속이 강한 편서풍을 아열대 제트류라 하며 거의 일 년 내내 존재한다. 이들의 풍속은 일반적으로 50 m/s 이상이다. 예를 들면 일본 그리고 남인도양에서 관측한 기록에 의하면 150 m/s 이상인 경우도 보여주고 있다.

적도 부근의 상층 파동 운동은 고위도에서와 같이 잘 발달하지 못한다. 그 이유는 전향 효과가 아주 적고 기류가 안정하기 때문이다. 그러나 열대 지방의 성층권에서는 편동풍 제트류가 북반구 여름철에 아시아 대륙 남쪽에서 발달한다. 이들의 풍향은 어디나 거의 일정하지만 풍속은 지역에 따라 변하며 평균 풍속은 35 m/s이다. 열대 편동풍 제트류는 아시아 대륙의 여름철 가열로 인한 열적 조건들에 의해서 나타나는 것으로 생각하고 있다.

또 다른 성층권 제트류로는 한대 야간 제트류를 들 수 있다. 이것은 겨울철동안 태양이 극 부근을 비추지 않기 때문에 그 결과 성층권에서 강한 온도 경도를 일으켜 북극권의 25~30 km 상공에서 추운 밤 동안에 나타난다. ▮

| 연대기 |

1898 12월 28일 스웨덴의 스톡홀름에서 태어남
1918 스톡홀름 대학교에서 이론 수학으로 학사 학위 받음
베르겐 지구물리 연구소에서 일함
1921 라이프치히 지구물리 연구소에서 빌헬름 비야크네스와 함께 연구함
1922 스웨덴 기상·수문대에서 근무함
1925 스톡홀름 대학교에서 박사 학위를 취득함
1926 미국 기상국으로 파견을 감
1927 다니엘 구겐하임 재단의 후원으로 민간 항공 기상 서비스를 구축
1928~39 MIT 기상학과 교수로 지명되어 11년간 근무함
1939 미국 기상국 연구 부책임자로 근무함
1940 시카고 대학교 기상학 연구소 소장으로 임명됨
대기 파동을 설명하는 이론을 개발함
1947 스톡홀름 대학교 기상학 연구소 초대 소장으로 취임함
1953 카를 구스타브 연구 메달을 수상함
1957 8월 19일 스톡홀름에서 사망함

5장

스베레 페테르센
(Sverre Petterssen, 1898~1974)
새로운 날씨 분석과 예보 방법을 만든 노르웨이 기상학자

새로운 날씨 분석과 예보 방법을 만든 사람

여러 유명한 사람들과 마찬가지로, 그 당시 스베레 페테르센이 사회에 끼친 영향도 논문, 교과서, 행정 업적, 국제 기상기구의 참여, 정부 자문 등과 같은 활동뿐만 아니라 교수, 연구팀 리더, 공동 연구자, 친구 사이에서 이룬 역할로서도 가늠할 수 있다.

어린 시절

스베레 페테르센은 1898년 2월 19일 노르웨이 북부에 있는 노르란주[1)]하드셀(Hadsel)에서 태어났다. 하드셀은 작고 외딴 어촌이었다. 그곳에서의 생활은 힘들고 기회가 없는 곳이었지만 도전적인 면을 가지고 있었다. 어린 시절 동안, 그는 어른 어부들과 함께 바다로 배를 저어 어장까지 가기도 하였다. 때로는 대구를 잡기 위해 수주일 동안 로포텐 어장까지 어선들이 출항했다. 대구는 봄철 로포텐 어장에서 어군을 형성했다. 어선들은 만선이 되어 돌아오기도 하였지만, 어떤 경우에는 폭풍의 위협에 시달렸다. 폭풍이 불게 되면 재빨리 항구로 돌아와야만 했다. 그렇지 못하면 난파를 당하기 때문이다. 어선들은 작고 지붕이 없었기 때문에 폭풍을 벗어나기에 적합하지 못했다. 아마도 페테르센의 어린 시절 경험이 날씨 예보에 종사할 마음을 품은 것은 아닐까?

학창 시절

스베레 페테르센은 전신국(telegraph office)에서 일하면서 중등학교를 마쳤다. 그리고 장학금을 얻기 위해서 노르웨이 육군 사병으로 입대하였다. 1923년 오슬로 대학교에서 물성과학을 전공하던 학생시절, 그는 토르 베르셰론의 세미나에 참석하여 감명을 받았다. 1924년 페테르센은 빌헬름 비야크네스와 야코브 비야크네스 부자가 설립한 베르겐 학교의 견습생으로 들어갔다. 1922년 발생한 '라이더 폭풍(Ryder Storm)'에 대한 베르겐 학교의 분석은 페테르센에 의해서 만들어진 새로운 일기 분석과 예보 방법으로

1) Norland : 노르웨이 북부 노르웨이 해에 면해 있는 주로서 주의 3분의 2는 북극권에 속하며, 거주가 가능한 지역은 피오르드가 발달된 해안선을 따라 분포하는 좁은 해안 평야에 국한된다.

이루어졌다. 그는 1924년 학사 학위를, 1926년 석사 학위를 취득하였다.

읽을거리… 구름 물리학자의 선구자 : 토르 베르셰론

스웨덴의 기상학자인 토르 베르셰론((Tor Harold Percival Bergeron, 1891~1977; 그림 5-1)은 구름 물리학에 관한 그의 업적으로 스웨덴에서 가장 유명한 기상학자이다. 그는 상층 대기 현상과 기후에 영향을 미치는 상층 대기의 효과를 설명한 최초의 기상학자였다.

토르 베르셰론은 1891년 8월 15일 잉글랜드 런던 근교 고드스턴에서 출생하였다. 그는 스웨덴의 스톡홀름, 스웨덴, 독일 라이프치히 대학교 등에서 교육을 받은 후, 1928년 그는 노르웨이 오슬로 대학교에서 박사 학위를 취득하였다.

교육의 한 부분으로, 베르셰론은 노르웨이의 기상학자인 빌헬름 비야크네스의 학생과 동료로서 1918년부터 1921년까지 3년간을 보냈다. 빌헬름 비야크네스는 1917년 세계에서 가장 중요한 기상 연구소인 베르겐 지구물리 연구소를 설립하였다. 베르셰론은 자격을 갖춘 후, 이 연구소의 연구원으로 합류하였다.

알프레트 베게너는 그린란드에서의 기상학 연구 결과를 정리해서 1911년 기상학 교과서인 ≪대기의 열역학(*Thermodynamik der Atmosphare, Thermodynamics of the atmosphere*)≫이라는 책을 편찬하였다.

이 책은 독일 전역에 표준 교과서가 되었다. 이 책에서 베게너는 두 가지 중요한 관측 사실을 설명하였다. 첫 번째, 물은 과냉각될 수 있다는 것이다. 과냉각이란 어는점(0℃)미만의 온도에서도 액체 상태로 존재할 수 있다는 의미이다. 또한 그는 얼음 알갱이와 과냉각 물

그림 5-1 스웨덴의 기상학자인 토르 베르셰론으로 구름 물리학의 선구자이다.

방울이 함께 존재하는 곳에서는 물방울이 증발하여 얼음 알갱이가 성장한다는 것을 지적하였다. 왜냐하면 평형 수증기압이 얼음보다 더 낮기 때문이다. 그는 이것이 구름 속에서 하강할 만큼 충분하게 얼음 알갱이의 형성을 유발하여 낮은 고도로 내려오면 녹아 빗방울이 된다고 제안하였다. 베게너는 결코 실제 구름 내에서 그의 아이디어를 시험할 기회를 갖지 못하였다. 두 번째, 공기 중의 얼음 알갱이가 수증기를 끌어당긴다는 것이었다. 왜냐하면 얼음 표면 부근의 수증기압이 물표면 부근의 수증기압보다 더 낮기 때문이다. 이들의 아이디어를 연결함으로써 얼음 알갱이와 작은 물방울이 공기 중에 동시에 존재하면 작은 물방울은 증발한다고 결론을 내렸다. 증발에 의해 형성되는 수증기는 얼음 알갱이 쪽으로 움직여서 응결한다. 그 결과 얼음 알갱이가 성장하게 된다는 것이었다.

10년 후 베게너의 이론은 토르 베르셰론에 의해서 관측된 자료를 통하여 확신을 얻게 되었다. 1922년 2월 오슬로 근처에서 휴가를 즐

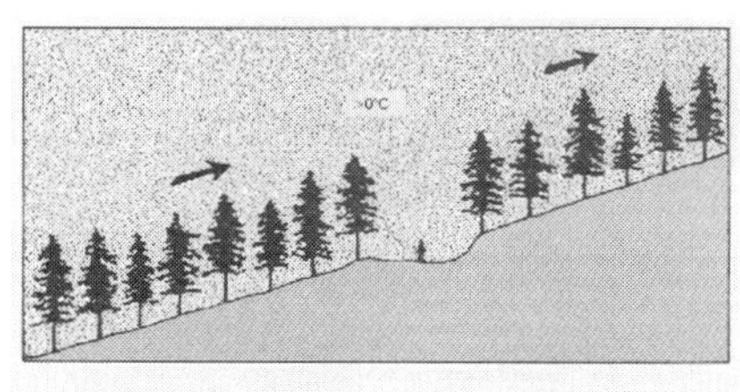

그림 5-2 1922년 토르 베르셰론의 관측

기고 있던 베르셰론은 전나무 숲 속 언덕의 좁은 길을 따라 자주 걷고 있었다. 그 길은 언덕 중턱의 등고선과 평행하게 나 있었고 언덕은 보통 과냉각된 층운형 구름층으로 뒤덮여 있었다. 베르셰론은 기온이 결빙점 미만이 되는 경우 구름은 가로 터널 속으로 들어올 수 없었지만 기온이 어는점 이상이 되는 경우 구름이 가로 터널 속으로 들어온다는 것을 주목하였다(그림 5－2). 베게너의 이론을 상기시켜 그는 나무 위의 얼음은 수증기를 끌어당겨 작은 물방울의 증발을 유발해서 구름이 없어지도록 한다고 결론지었다. 베르셰론은 이런 연구에 몰두하여 1933년 구름 생성의 얼음 알갱이 이론(ice-crystal theory of cloud formation)을 개발하였다. 그의 이론은 후에 독일 물리학자인 발터 핀트아이젠(Walter Findeisen, 1909～1945)에 의해서 상세히 설명되어 현재에는 비 생성의 베르셰론-핀트아이젠 이론으로 널리 받아들여지고 있다.

이 이론에 따르면, 결정상 구조를 만들어내기 위해서 액체수 분자는 어떤 순서로 형성되어야만 한다. 대부분의 작은 물방울들은 아주 작기 때문에 온도가 −40℃에 접근하지 않는 한 그들의 분자들이 필요한 배열을 달성하기 위한 기회는 적게 나타난다. 이 온도 미만에서 모든 상에서의 모든 물분자는 빙결하게 될 것이다. 빙결은 빙결핵(freezing nuclei)이라 불리는 특별한 종류의 입자들이 존재한다면 아주 쉽게 일어난다. 이러한 입자(어떤 점토의 먼지)는 얼음과 유사한 결정구조를 가지고 과냉각된 물과 접촉하도록 한다.

1935년부터 1945년까지 베르셰론은 스톡홀름 대학교에서 교편을 잡았고 1946년 그는 스웨덴의 또 다른 대학교인 웁살라 대학교로 자리를 옮겼다. 그는 1946년부터 1961년까지 웁살라 대학교 기상학 교수로 재직하였다. 토르 베르셰론은 1977년 1월 13일 스톡홀름에서 사망하였다. ▮

예보관 시절

1926년부터 5년 동안 페테르센은 오슬로 기상대의 예보관으로, 트롬쇠에 소재한 지구물리 연구소의 연구원으로 근무하였다. 1931년 페테르센은 야코브 비야크네스로부터 베르겐 기상 예보대 대장 직을 물려받아 1939년까지 8년 동안 근무하였다. 페테르센에게 이 기간은 매우 유익한 시기였다. 베르겐에서 그는 베르겐 박물관의 지구물리 연구소와 함께 현업 기상학을 담당하게 되었고, 한대전선 이론의 메카인 베르겐을 방문하는 많은 해외 기상학자들을 만날 수 있었다. 그는 박사 학위 논문을 위해 연구하였고 마침내 1933년 오슬로 대학교로부터 박사 학위를 취득하였다. 그의 박사 학위 논문은 기압장의 운동학에 관한 것으로 한대 전선 분석을 정량적으로 논의한 것이다. 이 내용은 그 다음 해부터 예보관들에게 응용되었다.

미국 방문

1935년 페테르센은 미국 기상국 국장인 프랜시스 레이첼더퍼(Francis W. Reichederfer, 1895~1983)의 초청을 받아 미국을 처음으로 방문하게 되었다. 방문동안, 그는 노르웨이 예보 방법에 대해 해군과 캘리포니아 공과대학(Caltech)에서 강연하였다. 이 학교에서는 페테르센을 방문 교수로 초빙하였고, 그는 레이첼더퍼가 수행중에 있던 해군 고층기상학자 양성을 위한 강의 요목을 작성하였다. 이 강좌를 통해 1940년 출판된 ≪날씨분석과 예보(*Weather analysis and forecasting*)≫라는 제목의 책이 태동되었다. 이 책으로 베르겐 학파의 이론을 군 기상 예보대를 준비하던 수천 명의 미국 젊은이들이 배웠다.

1939년 페테르센은 보스턴에 있는 MIT의 기상학과 학과장으로 임명되었다. 이로서 그는 노르웨이 기상대를 떠나게 되었다. 여기서 그는 2권의 유명한 기상학 교과서를 발간하였다. 첫 번째는 1940년에 출판된 ≪날씨분석과 예보≫이다. 이 책은 종관 기상학의 기본 교과서가 되었다. 두 번째는 1941년에 출판된 ≪기상학개론(*Introduction to Meteorology*)≫이다. ≪날씨분석과 예보≫는 발간되자마자 베스트 셀러가 되었고 이 책은 세계 20개국의 언어로 번역되었다. 1956년 페테르센은 내용을 개정하고 특히 수치 예보를 보강하여 2권으로 된 ≪날씨분석과 예보≫2판을 출판하였다

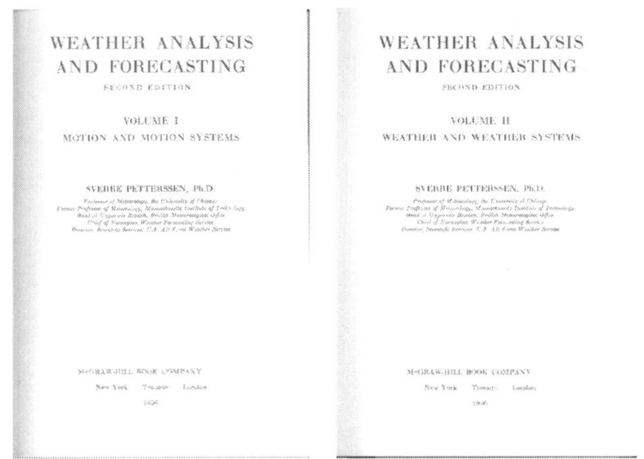
WEATHER ANALYSIS AND FORECASTING

SECOND EDITION

VOLUME I

MOTION AND MOTION SYSTEMS

SVERRE PETTERSSEN, Ph.D.

McGRAW-HILL BOOK COMPANY

New York Toronto London

WEATHER ANALYSIS AND FORECASTING

SECOND EDITION

VOLUME II

WEATHER AND WEATHER SYSTEMS

SVERRE PETTERSSEN, Ph.D.

McGRAW-HILL BOOK COMPANY

New York Toronto London

그림 5-3 1956년 출판한 스베레 페테르센의 ≪날씨분석과 예보≫의 1권과 2권의 내 표지이다.

(그림 5－3). 또한 페테르센은 1958년 ≪기상학개론≫2판도 출간하였다.

D-Day 예보

2차 세계대전이 발발하여 1940년 4월 노르웨이가 독일에 점령되었다. 노르웨이의 국왕인 호콘 7세(Haakon Ⅶ, 1872~1957)는 국왕은 런던에 임시 정부를 수립하고 노르웨이 육군과 공군을 창설하였다. 1942년 노르웨이 정부는 페테르센에게 영국에 주둔하고 있는 노르웨이 군에 입대하기를 요청하였다. 페테르센은 즉각 MIT를 떠나 영국항공성의 영국기상대에서 노르웨이 공군으로부터 의뢰받은 자문역으로 근무하게 되었다. 영국 기상대 대장인 넬슨 존슨(Nelson Johnson)은 페테르센을 던스터블에 소재한 상층 대기 지대(Upper Air Branch)의 책임자로 임명하여 독일로 출격하는 폭격기의 공습을 위한 예보 업무를 부여하였다. 이 기간 동안 페테르센은 상층에 강한 바람이 존재한다는 것을 인식하였고, 상층과 지상 조건 사이의 관계를 조사하였다. 후에 상층의 강한 바람은 제트류로 알려지게 되었다. 많은 다른 임무에 덧붙여, 그는 이탈리아 안치오 상륙을 위한 장기 예보를 준비하였고 노르웨이에서 훈련받은 기상학자로서는 유일하게 D－Day 예보에 관여하였다. 연합군 사령관인 드와이트 아이젠하워 장군을 자문하는 3그룹의 기상학자들이 있었다. 원래 D－Day는 1944년 6월 5일로 상륙 작전이 계획되어 있었다. 페테르센과 다른 기상학자들에 의해서 제공된 예보로 인하여 아이젠하워는 6월 4일 04시30분에서 6월 6일로 연기하기로 결정하였다. 처음 그들은 6월 19일로 작전을 연기하기로 계획하였지만 다행스럽게도 3그룹 모두가 6월 6일에 날씨가 개일 것으로 예보하였다. 실제 6월 19일에는 영국해협에 최악의 폭풍이 몰아닥쳤다. 만약 연합국 사령부가 6월 19일로 작전을 연기하여 실행하였다면, 희생자는 훨씬 많이 발생하였을 것이다.

전후 활동

전쟁이 끝난 1945년에 페테르센은 노르웨이 정부의 요청으로 되돌아왔다. 그는 노르웨이 날씨 예보대를 설립하였다. 그 당시 민간 항공과 상승 대기 관측 기술에 대한 요구가 팽배하였기 때문이었다.

1948년 워싱턴 D. C.에 있는 미국 공군 본부는 페테르센에게 미국 공군 기상대를 위한 과학 서비스 처의 결성을 요청받아 초대 처장을 맡고 1952년까지 봉사하였다. 이 임무를 성공적으로 수행한 공로를 인정 받아 그는 미 공군 공훈장을 받았다.

1952년 그는 시카고 대학교 기상학 교수로 복직하였다. 여기서 그는 날씨 예보 연구 센터를 설립하여 그가 그동안 관심을 가졌던 여러 분야에 대해서 연구하였다. 그가 특히 관심을 가진 분야는 폭풍의 발달, 역학, 에너지학과 이에 따른 종관 현상에 관한 것이었다. 그는 1960년부터 1961년까지 기상학과 학과장을 역임하였고 지구물리학과를 창설하여 1961년부터 1963년까지 초대 학과장을 역임했다.

스베레 페테르센은 1958년부터 1959년까지 미국기상학회 회장을 지냈다. 그는 이 기간 동안 매사추세츠 주 보스턴에 학회 건물(Bulfinch House, 45 Beacon Street, Boston, Mass.)을 구입하여 영구적인 학회 건물을 가지게 되었다.

1963년부터 1965년까지 그는 스톡홀름에 있는 주 스웨덴 미국 대사관의 과학 담당 공사로 근무하였다. 이런 기회로 그는 스칸디나비아 과학자들을 폭넓게 만나 관계를 돈독하게 만들었다.

1965년 스베레 페테르센과 그의 아내인 그레이스는 잉글랜드 런던에 그들의 저택을 지었다. 이것은 그의 완전한 은퇴가 아니었다. 1971년까지 그는 정규적으로 미국으로 건너가 방문 교수로서 올버니의 뉴욕 주립 대학교, 매디슨의 위스콘신 대학교, 칼리지 파크의 메릴랜드 대학교, 포트 콜린스의 콜로라도 대학교에서 강의와 연구를 계속하였다.

스베레 페테르센은 1974년 영어로 회고록을 집필하여 그 해 노르웨이 어로 번역되었고 ≪북쪽으로부터의 냉각(*Kuling fra Nord*)≫으로 출판되었다. 1974년 12월 31일 스베레 페테르센은 잉글랜드 런던 자택에서 갑자기 사망하였다. 2001년 미국기상학회는 ≪Weathering the Storm: Sverre Petterssen, the D－Day Forecast, and the Rise of Modern Meteorology≫을 영문판으로 출간하였다.

읽을거리... 대륙이동 이론의 아버지 : 알프레트 베게너

독일의 기상학자·지질학자로서 대륙이동 이론의 아버지라 불리는 알프레트 베게너(Alfred Wegener, 1880~1930; 그림 5－4)는 1880년 11월 1일, 독일의 베를린에서 태어났다. 그는 하이델베르크, 인스브루크, 베를린 대학교에서 공부했고, 1905년에 베를린 대학교에서 천문학 박사 학위를 받았다. 그런 다음 그는 베를린 근교 테겔에 있는 프러시아 항공 천문대에서 얼마동안 그의 형 쿠르트 베게너(Kurt Wegener, 1878~1964)와 함께 일을 했다.

1906년부터 1908년까지 베게너는 덴마크의 그린란드 내륙 탐사대의 기상학자로 참여하였고, 돌아와서는 마르부르크 대학교에서 기상학과 천문학 강사로 근무하였다. 베게너는 그린란드에서의 기상학 연구 결과를 정리해서 1911년 기상학 교과서인 ≪대기의 열역학≫이라는 책을 편찬하였다. 이 책은 독일 전역에 표준 교과서가 되었다. 이 책에서 베게너는 얼음 알갱이와 과냉각 물방울이 함께 존재하는 곳에서는 물방울이 증발하여 얼음 알갱이가 성장한다는 것을 지적하였다. 왜냐하면 평형 수증기압이 얼음보다 더 낮기 때문이다. 그는 이것이 구름 속에서 하강할 만큼 충분하게 얼음 알갱이의 형성을 유발하여 낮은

그림 5-4 대륙 이동설의 창시자인 독일의 기상학자인 알프레트 베게너의 만년의 모습.

고도로 내려오면 녹아 빗방울이 된다고 제안하였다. 베게너는 결코 실제 구름 내에서 그의 아이디어를 시험할 기회를 갖지 못하였다. 스웨덴의 기상학자인 토르 베르셰론과 독일의 기상학자인 발터 핀트아이젠은 이것을 1930년에 실험하였다. 베르셰론은 베게너에게 감사의 뜻을 전했고 이러한 형태의 강수 형성 이론을 보통 베르셰론-핀트아이젠 이론이라 하지만 때로는 베게너-베르셰론-핀트아이젠 이론이라 부른다.

베게너는 또한 북극지방에서 때때로 태양의 반대편에 볼 수 있는 두 종류의 호(arc)를 설명한 최초의 사람이었다. 이것은 매우 추운 날 형성되는 얼음 알갱이에 의해서 유발되었다. 그들을 현재 '베게너 호(Wegener arcs)'라 부른다.

1910년 이래 베게너는 대서양 양안의 해안선을 맞추면 거의 일치한다는 점에 흥미를 느끼고 있었다. 드디어 1912년 독일 프랑크푸르트에서 열린 독일 지질학회에서 마르부르크 대학교의 기상학 강사인 베게너는 대륙 이동설을 논문으로 발표하게 되었다. 하나의 초 대륙이 분열하여 오랫동안 이동한 결과 오늘날과 같은 대륙이 이루어졌다는 학설이었다. 즉 현재에도 오스트레일리아와 남극을 제외한 지구상의 5대 대륙이 서로 천천히 이동하고 있다는 것이다. 그러나 지질학자들로부터 '전문가도 아닌 기상학자가 무슨 뚱딴지같은 소리를 하는가'하고 격렬한 비판만 받게 되었다.

당시 그가 존경하던 스승은 함부르크 대학교의 유명한 기상학 교수인 블라디미르 쾨펜(Wladimir Köppen, 1846~1940)이었다. 쾨펜은 베게너의 재능을 알고 기상학 외에 너무 산만하게 흥미를 분산시키지 않도록 충고했으나 베게너의 대륙 이동설에 대한 열정과 집념은 끊이지 않았다. 1912년 1월, 베게너는 다시 덴마크 탐험대와 동행하여 두 번째의 그린란드 탐험 여행을 마치고 1913년에 돌아와 스승인 쾨펜 교수의 딸인 엘제 쾨펜(Else Köppen)과 결혼하였다. 베게너와 쾨펜은 공동으로 기후의 역사에 관한 책인 ≪과거 지질시대의 기후(*The Climates of the Geological Past*)≫를 출판하였다. 그런 다음 그는 그린란드로 되돌아갔다.

베게너는 1914년에 일어난 1차 세계대전에 참전하였다가 부상을 당했기 때문에 후방에 있는 측후소에서 근무하였는데 그 덕분으로 대륙 이동에 대한 연구를 계속할 수 있었다. 그리하여 전쟁 중인 이듬해 그의 이론은 1915년 ≪대륙과 해양의 기원(*The Origin of the continents and oceans*)≫이라는 제목으로 출판되었다. 이 책은 그 뒤에도 새로운 내용과 예증을 보강하여 네 차례나 개정되었다.

전쟁이 끝난 후 그는 마르부르크로 돌아왔다. 1924년 그는 특별히 그를 위해 자리를 마련한 오스트리아 그라츠 대학교의 기상학과 지구물리학 교수가 되었다.

1930년 베게너는 만년설의 기후를 조사하기 위하여 21명의 과학자와 기술자로 구성된 연구팀의 리더로서 그린란드로 되돌아갔다. 그들은 3곳에 기지를 구축하고자 하였다. 위도는 모두 북위 71°이고 각 해안에 하나씩 그리고 중앙에 1곳을 구축하는 것이었으나 악천후로 연기되었다. 7월 15일 연구팀의 일부가 내륙에서 403 km 떨어진 중앙 기지(Eismitte)를 설치하기 위해서 떠났다. 그런 다음 날씨가 나빠져 그들에게 라디오 수신기를 포함해 필요한 물품을 공급할 수 없게 되었다. 그러나 그들은 그곳에서 생존하고 있었다. 9월 21일 베게너는 14명을 동반하고 아이스미테 기지에 공급할 물품을 실은 15대의 썰매와 함께 떠났다. 지독한 날씨 조건으로 인하여 베게너, 프리츠 로베(Fritz Lowe), 라스무스 빌룸젠(Rasmus Villumsen)을 제외한 대원들은 포기하고 돌아왔다. 이들 3명은 10월 30일 아이스미테 기지에 마침내 도착하였다. 로베는 탈진하였고 심한 동상에 걸렸다. 그들은 베게너 50회 생일인 11월 1일까지 충분한 휴식을 취한 다음 로베는 회복하도록 남겨두고 베게너와 빌룸젠은 귀환하기 시작하였다. 그들은 결국 베이스캠프에 도달하지 못하였다. 처음에는 그들이 아이스미테 기지에서 겨울을 나는 것으로 생각하였다. 그러나 그 다음 해 4월이 되도록 나타나지 않아 그들을 찾기 위해 수색대가 출발하였다. 그들은 1931년 5월 12일 베게너의 사체를 발견하였다. 그는 심장마비로 고통 받은 것처럼 보였다. 그들은 베게너를 매장하여 얼음 블록으로 무덤을 만들어 그 자리를 표시하였다. 오랜 수색에도 불구하고 빌룸젠의 사체는 결국 찾지 못하였다.

베게너가 대륙이동설의 근거로 삼은 많은 증거는 현대 과학으로 보아도 대부분이 옳은 것이지만 당시 사람들은 그의 이론을 믿지 않았다. 그러한 근본 원인은 대륙을 이동시키는 원동력을 확실히 밝히지 못했기 때문이다. 오늘날에 와서 베게너의 대륙이동설은 맨틀 대륙설, 해저 확장설, 판구조론 등에 의해 충분히 설명되고 있다. 대륙이동설을 확인하고 검증하기 위해 평생의 정열을 쏟은 베게너는 1930년에 그의 이론을 키워 준 그린란드의 빙원에서 안타깝게도 50세의 나이로 일생을 마쳤다. 안타깝게도 그의 이론이 새로운 학문에 의해 증명되기 20여 년 전의 일이었다. 베게너의 몸속에 들끓고 있던 모험의 피는 대륙이동설을 완성시키기 위해 온갖 분야의 연구에 나서게 했다. 또 미지의 그린란드를 4번씩이나 탐험하여 고층기상이나 빙하에 관한 연구에 온 정열을 바쳤으나 냉혹한 자연에 목숨을 빼앗긴 것이다. 현재 독일 브레머하펜에 알프레트 베게너 극지·해양 연구소(Alfred Wegener Institute for Polar and Marine Research)가 설립되어 있다. ▮

| 연대기 |

1898	노르웨이 노를란 주 하드셀에서 태어남
1923	오슬로 대학교에서 물성 과학을 전공함
1924	베르겐 대학교에 입학하여 학사 학위를 받음
1926	베르겐 대학교에서 석사 학위를 취득함
1926~31	오슬로 기상대의 예보관으로 근무함
1931~39	오슬로 기상대 대장으로 근무함
1933	오슬로 대학교에서 박사 학위를 받음
1935	미국 기상국 국장의 초청으로 미국을 방문함
1935~39	캘리포니아 공과대학의 방문 교수로 초빙됨
1939	MIT의 기상학과 학과장으로 임명됨
1940	≪날씨 분석과 예보≫를 출판함
1941	≪기상학 개론≫을 출판함
1942	노르웨이 정부의 요청으로 영국 기상대 상층대기 지대의 책임자로 근무함
1944	D−Day 예보에 참여함
1945	노르웨이로 귀국하여 노르웨이 예보대를 설립함
1948~52	미 공군의 요청으로 공군 기상대를 위한 일을 수행함
1952	시카고 대학교 기상학 교수로 복직함
1956	≪날씨 분석과 예보≫를 개정하여 2권으로 된 2판을 출판함
1958-59	미국기상학회 학회장 역임
1960~61	시카고 대학교 기상학과 학과장 역임
1961~63	지구물리학과를 창설하여 초대 학과장을 역임함
1963~65	주 스웨덴 미국 대사관 과학 담당 공사로 근무함

1965~71 방문교수로 미국을 방문하여 강의와 연구를 계속함

1974 회고록을 집필함

12월 31일 잉글랜드 런던 자택에서 사망함

6장

제임스 스태그

(James Martin Stagg, 1900~1975)

D-Day 상륙 작전의 일기 예보로 유명한 스코틀랜드 출신의 기상학자

막중한 임무를 성공시킨 사람

제임스 마틴 스태그는 1900년 6월 30일 스코틀랜드 미드로디언 댈키스[1]에서 태어났다. 그는 에든버러의 브루턴 중등학교에서 수학하였고 에든버러 대학교를 졸업하였다. 그는 1924년 영국기상대에 전문 조수로 입사하기 전까지 에든버러의 조지 헤리오츠 학교의 과학 교사로 있었다.

1) Dalkeith : 영국 스코틀랜드 남동부 미드로디언구에 있는 도시. 가까운 에든버러로 출퇴근하는 사람이 많으며, 양조업·인쇄업·카펫 제조업 등의 경공업이 발달한 미드로디언 지역의 행정 중심지이다.

영국 기상대

영국 기상대의 첫 8년 동안은 모두 관측소에서 지구물리학 연구에 관여하였고 1932년에 캐나다 북부에 있는 포트 래의 파견대를 이끄는 영국 극지 탐험대의 대장으로 선발되었다. 이 일은 1882/83년의 첫 번째 국제극관측년(International Polar Year; IPY)[2) 후 50년 만에 이루어지는 국제극관측년 프로그램의 일부였다. 이 프로그램은 주요한 국제 행사로서 46개국이 참가하였고 23개국은 자국 또는 적절한 장소에 특별 관측소를 설치하였다. 기상, 오로라, 지자기 연구에 관한 광범위한 프로그램들을 수행하였다. 포트 래의 영국 파견단은 4명의 기상대 대원, 케임브리지 대학교의 1명, 사무장 겸 기술자 1명으로 구성되었다. 그리고 1년 동안 계속적인 관측이 이루어졌다. 측풍 기구 관측은 적어도 하루 한 번 올려졌고, 다인스 자기기상계(Dines Meteorograph, 그림 6-1)가 설치되어 운영되었다. 대기 전기의 관측과 더불어 지자기와 오로라 관측이 심도 있게 이루어졌다. 포트 래에서의 연구에 관한 2권의 보고서가 영국학술원에 의해서 편찬되었다. 포트 래에서의 귀환 후 스태그는 곧 지구과학 여러 분야의 전문가, 특히 지자기 분야의 전문가로서 유명하게 되었다. 이라크의 합바니아에서 외국 근무를 몇 년 한 후 그는 큐 관측소의 소장으로 임명 받아 복사에 관해 유명한 연구를 하였고 1939년 2차 세계대전의 발발로 인하여 그의 지식과 노력이 더욱 직접적으로 국가에 기여할 수 있었다.

---

2) 북극지방의 기상 · 지구자기 변동 ·오로라 등에 대해 여러 나라가 협력하여 연구했던 계획. 이 국제 극관측년의 취지는 1957～1958년 실시된 국제지구물리관측년으로 발전하였다.

그림 6-1 연에 매달려 있는 동안 회전 종이 기록지 위에 기온, 기압, 습도 측정값이 기록되는 다인스 자기기상계.

막중한 임무

1943년 스태그는 연합 원정군 최고 사령관의 수석 기상 자문역으로 지명 받아 1944년 D−Day 상륙 작전의 기상 예보를 책임지게 되었다. 그 당시 24시간 전의 예보는 일반적으로 시도되지 않았지만 스태그의 임무는 가능한 5일 전의 상세한 기상 지침을 제시하는 것이었다. 그는 그날의 예보에 대한 영국 수뇌부와 미국 예보자들 사이의 이견을 결합시켜 합당한 예보를 작성하여야만 했다. 그와 다른 예보자들은 다른 장소에 있었기 때문에 그들 사이의 통신은 전화로 이루어졌다. 스태그는 한 단계 높은 외교적인 기술과 기상학적 기술을 필요로 하였으며 그는 모범적인 방법으로 그의 임무를 완수하였다. 이와 관련된 이야기는 1971년 발간된 그의 책 ≪막중한 임무를 위한 예보≫에서 전부 말하고 있다. 그는 1945년 이런 막중한 임무를 성공적으로 완수한 것에 대한 공로로 미국의 공훈 군단장으로 지명되었다.

읽을거리... 전파전송 공전을 연구한 기상학자 : 찰스 케이브

잉글랜드 기상학자인 찰스 케이브(Charles John Philip Cave, 1871~1950; 그림 6-2)는 1871년에 태어나 에드그베스턴의 오라토리 학교에서 공부하였다. 그 후 케임브리지 대학교 트리니티 칼리지에 진학하여 학위를 취득하였다. 그는 여가를 즐기고 정열적이며 과학적인 여러 분야에 관심이 많은 옛날 스타일의 신사였다.

1901년 네이피어 쇼 회장의 지휘 하에 있던 영국 학술협회는 연을 수단으로 하여 상층 대기를 조사하고자 하였다. 그들은 연줄이 문제를 일으키지 않는 지역으로부터 이 작업을 위한 자원 봉사자를 요청하였다. 햄프셔 주 피터스필드 근방에 살고 있던 케이브가 유일한 자원봉사자였다. 그들이 옮겨온 연과 자기기상계는 윌리엄 헨리 다인스가 고안한 것으로 하층 대기 내의 기온, 기압, 습도에 관한 정보를 주었다. 연의 상승은 이루어졌고 케이브의 작업에 의해서 결과가 나타났다. 이 작업을 더 높은 대기까지 확장시키기 위해서 케이브는 바바도스에서 상당한 고도까지 9개의 측풍 기구 관측을 수행하였다. 이에 뒤따라 1907년 그는 사우드 다운즈에 있는 딧첨 파크에서 약 200개의 유사한 풍선 상승을 수행하였다. 풍선 높이를 보다 더 정확하게 결정하기 위하여, 그는 두 대의 '경위의(theodolite)'를 사용하였다. 이들 풍선들은 단지 2온스의 무게를 가진 새로운 측기들을 매달아 운반하였다. 이 측기 뭉치에는 태양 복사 가리개를 포함하였고 헨리 다인스에 의해서 고안되었다. 이들 상승으로 여러 다른 기상 조건 하에서 높이에 따라 어떻게 바람과 기온이 변동하는지에 대한 지식을 더하게 되었고 사실상 25년 후 라디오존데가 출현하기 전까지 이러한 자료는 유일하고 유용하게 사용되었다. 케이브는 이들 자료에 기초하여 1912년 ≪맑은 날씨에서의 대기 구조(*The structure of the atmosphere in clear*

그림 6-2 영국 왕립기상학회의 34대(1913~1914)와 39대(1924~1925) 학회장을 재임한 찰스 존 필립 케이브.

weather)≫라는 제목으로 책을 편찬하였다.

1차 세계대전 동안, 케이브는 프랑스 전선 후방에서 기상 관측자들을 교육 시켰고 후에 그는 모든 전장에 보내기 위한 신병들을 올드 사럼에서 교육 시켰다. 그의 훈련병 중에는 레이더의 발명가인 로버트 왓슨-와트(Robert Watson-Watt, 1892~1973)가 있었다. 그는 케이브를 기상학에서 아버지로 간주하였다.

전쟁이 끝난 후, 케이브는 그의 개인 기상 관측소를 계속 운영하였고 확장하였다. 이곳에는 일반적인 측기이외에도 기록 우량계, 다인스 압력 튜브 기압계, 증발 탱크, 왓슨-와트가 고안한 방법에 의해서 '공전(atmospherics)'을 관측하기 위해 회전하는 안테나를 포함하고 있었다. 그의 정규적인 관측과 결과를 도출하는 작업을 돕기 위하여 그는 피터스(S. P. Peters)를 기상 조수로 고용하였다. 1923년 케이브는 왓슨-와트와 함께 전파 감지 찾기에 대한 최초의 논문 '기상학과 관련된 전파전송 공전의 연구(*The study of radiotelegraphic atmospherics in relation to meteorology*)'를 썼다. 이 논문은 회전하는 안테나를 사용한 관측 자료에 근거를 둔 것이다. 1923년 케이브는 또 다른 논문 '영국 제도에서 발생하는 겨울 뇌우(*Winter thunderstorms in the British Isles*)'를 썼고 이 논문은 영국에 뇌우 조사 기구(Thunderstorm Census Organisation)의 설립을 이루도록 하였다. 1920년에 발표한 또 다른 논문인 '기상대의 위상과 정부와 민간과의 관계(*The status of a meteorological office and its relation to the State and public*)'는 오늘날에도 다시 읽을 가치가 있다. 그는 여기에서 가장 가능한 국가 기상 서비스를 얻는데 발생하는 문제점에 대해서 접근하였다. 그리고 많은 잠재적인 소비자, 국무성, 군대, 농부 등을 만족시키기 위해서 어떻게 해야 하는지를 언급하고 있다. 또한 그는 과학과 행정 공무원 사이의 관계를 고려하였다. 이 주제는 현재에도 매우 적절하다.

케이브는 '생물계절학(phenology)'에 대해서 관심을 가져 1926년부터 1934년까지 학회의 '생물계절학 보고서(Phenological Report)' 준비에 참여하였다. 그는 1925년 학회 창립 75주년 기념식에 관장하였고 또한 1950년 옥스퍼드에서 열린 100주년 기념식에도 참석하였다.

그는 특별히 구름의 형태와 형성에 관한 연구와 훌륭한 구름 촬영 기술로 잘 알려져 있다. 1926년 행한 그의 마지막 학회장 연설에서 그가 찍은 수많은 구름 슬라이드를 보여주는 것도 포함되었다. 현대 관측자에 따르면, 이들은 구름의 형태와 형성의 심원한 지식, 매우 기술이 좋은 촬영 기술, 예리한 미적 감각의 드문 결합이었다. 그의 구름 사진 중의 일부는 수년 동안 학회에서 판매하던 그림 엽서에 사용되기도 하였다. 그의 사망으로 많은 사진들은 학회 기록 보관소에 보관되었다. 1926년 학회는 새롭게 형성된 BBC에 유명한 기상학자가 일련의 강의를 방송해 주기 원했다. 케이브는 그들 중에 하나인 '기후(Climate)'라는 주제로 강의하였다.

그의 생의 후반 망원렌즈와 스포트라이트를 사용하는 그의 사진학적 기술을 영국과 유럽 교회 빌딩에 대한 지붕을 연구하기 위해서 돌렸다. 1948년에 편찬된 매혹적인 책 ≪중세 교회의 지붕 돋을새김(*Roof bosses on medival churches*)≫은 대중에게 어떤 사람보다도 예술 작업을 하는 사람에게 더 좋은 안목을 가져다주었다.

케이브는 대부분 그의 활동 기간 동안 아내에게 많은 도움을 받았다. 그녀는 기상학적 관심을 케이브와 분담하였고 그로 하여금 결과를 도출, 특히 그의 상층 관측으로부터 얻은 결과를 도출하는 데 도움을 주었다. 그녀도 20여 년 동안 영국 왕립기상학회의 회원이었고, 평의원에서도 봉사하였으며, 부회장도 지냈다. 그녀는 1944년 케이브보다 먼저 세상을 하직하였다. 케이브는 1913년부터 1915년까지와 다시 1924년부터 1926년까지 영국 왕립기상학회의 학회장이었다. 그는 1950년 12월 8일 사망했다. ▮

전쟁 이후

전쟁 후 스태그의 경력은 주로 정책 수립과 계획에서 개발되었다. 그는 영국의 항공과 항공이외 목적 모두를 위한 기상 업무를 개발하는 데 지도자의 역할을 다 하였다. 또한 그는 전쟁으로 인하여 중단된 유럽 대륙의 날씨 서비스와 유럽 지구물리 활동의 부흥에 중요한 역할을 하였다.

영국 기상대의 수석 부대장과 기상 서비스 소장임에도 불구하고 시간이 허용하는 범위 내에서 광범위한 과학 활동에 참여하였다. 그는 1927년부터 국제측지학 및 지구물리학연합[3)]에 관여하였고 1946년부터 1951년까지 사무총장 그리고 1971년부터 사

---

3) 약칭은 IUGG이다. 1919년 7월 28일 벨기에 브뤼셀에서 발족한 단체로 국제비정부기구이다. 국제학술연구회(International Council of Scientific Unions : ICSU) 부속 국제학술연합회의 산하조직이다. 설립 당시 참가한 국가는 오스트레일리아, 벨기에, 캐나다, 프랑스, 이탈리아, 일본, 포르투갈, 영국, 아일랜드, 미국 등 10개국이었다. 처음에는 측지학, 지진학, 기상학, 지구전자기학, 해양학, 화산학 6개 분야로 시작해 1922년에 수문학을 포함시켰다.

망할 때인 1975년까지 재정 위원회의 위원장으로 활동하였다. 그는 1959년부터 1960년까지 영국 왕립기상학회의 56대 회장으로 선출되었다. 그의 경력을 통해서 스태그는 성실한 사람으로 유명하고 비록 그가 강직하고 유머는 없었다 하더라도 그의 태도는 변함없이 정중하였다.

그는 1937년 OBE[4]를 수상하였고 1954년에는 CB[5]를 받았으며 1955년에는 괴팅겐에 있는 과학 아카데미의 '가우스 베버 메달(Gauss-Weber Medal)'을 수여 받았다. 그는 1975년 사망하였다.

읽을거리 ∘∘∘ 워커 순환으로 유명한 기상학자 : 길버트 워커

존 엘리엇(Sir John Eliot)이 1903년 특별 보좌역(Special Assistant)으로 길버트 토머스 워커(Sir Gilbert Thomas Walker, 1868~1958; 그림 6-3)를 선임한 것은 예외적이었다. 존 엘리엇은 인디아 정부에 기상 정보를 보고하는 사람이었고 인디아 관상대(Indian Observatories)의 대장이었다. 워커는 기상학을 전공하지는 않았다. 지금까지의 결과를 살펴보면 그는 케임브리지 대학교의 수학자로서 학술 경력을 시작하였다. 케임브리지 대학교 시절에 그는 전자기에 주로 관심을 가지게 되었고 회전하는 꼭대기와 발사체의 역학에 또한 관심을 갖고 있었다. 그는 특별히 부메랑(boomerang)에 관심을 가졌고 1897년 부메랑에 대한 독창적이고 상상력이 풍부한 논문을 발표하였다(Phil. Trans. R. Soc., A, 900, 23~42). 오스트레일리아를 방문하던 중인 1880년대 말 그의 관심

4) Officer(of the Order) of the British Empire의 약자로서 대영제국 제4급훈작사이다.
5) Commander of (the Order of) the British Empire의 약자로서 영국훈장 상급훈사이다.

그림 6-3 잉글랜드 출신의 길버트 토머스 워커로서 40대(1926~1927) 영국 왕립기상학회의 회장을 역임하였다. 워커 순환으로 유명하다.

은 미사일로부터 시작되었다. 그의 대학 시절 케임브리지 백스에서 부메랑을 던지던 그의 훌륭한 솜씨로 인하여 그의 친구들은 그를 '부메랑 워커(Boomerang Walker)'로 불렀다. 조지 심슨(Sir George Simpson, 1878~1965)에 따르면, 인디아에서도 워커가 오스트레일리아 애난데일에서 던졌던 그의 부메랑을 던지곤 하였다고 회고하고 있다(Weather, 14, 67~68). 케임브리지 대학교 시절 워커는 스포츠와 게임에서 수학적인 전문가로 인식되고 있었으며 당구, 볼 게임(특히 골프), 부메랑, 사이클에서 특출한 능력을 가진 스포츠맨이었다.

길버트 토머스 워커는 1868년 6월 14일 잉글랜드 랭커셔 주[6] 로치데일[7]에서 8명의 자녀 중 장남으로 태어났다. 곧이어 그의 가족들은 크로이던[8]으로 이사하였다. 이곳에서 토목 기술자인 그의 아버지는 보로

6) Lancashire : 잉글랜드 북서부에 있는 주. 주도는 프레스턴이다. 페나인산맥 서쪽에서 아이리시 해 사이의 지역을 차지한다.

7) Rochdale : 현재는 잉글랜드 그레이터맨체스터 대도시권에 있는 자치구이다.

8) Croydon : 현재는 런던 남부에 있는 구이다.

(Borough's)의 수석 기술자가 되었다. 길버트는 1876년 9월 11일 휘트기프트(Whitgift) 학교에 입학하여 1881년 세인트폴 학교에 장학생으로 입학하였다. 그는 순수 수학과 응용 수학에 특출하였고 17세에 그가 만든 자이로스코프(gyroscope)가 상을 받게 되었다. 1884년 런던 대학 입학 시험을 통과하였으나 런던 대학에서 공부하지는 않았다. 그 대신 세인트폴 학교를 졸업하고 케임브리지 대학교의 트리니티 칼리지로 진학하여 이곳에서 1885년 수학으로 장학금을 받았다. 그리고 1886년 미카엘 학교에 입학을 허가 받았다. 그는 1887년에 반스 장학생(Barns Scholar), 1888년에는 쉽센크 장학생(Sheepshank Scholar)이 되었다. 또한 1889년에는 수학 졸업 시험의 Part I에서 수석 1급 합격자가 되었고 다음 해에는 Part II에서 1등을 하였으며 1893년에 석사 학위를 취득하였다. 그는 1891년 트리니티 칼리지의 평의원으로 선출되었고 1895년에 수학 과목의 강의 전담 교수로 지명되었다. 그리고 1903년 여름에 사임하고 존 엘리엇을 보좌하기 위해 인디아로 떠났다.

1890년 그는 학술적인 성공을 이루기 위해 힘든 연구를 계속한 결과 건강이 나빠져 스위스에서 3년 동안의 겨울을 보내게 되었다. 여기에서 그는 전문적인 빙상 선수가 되었고 등산에 대한 열정을 개발하였다. 몇 년 동안 그는 아무것도 발간하지 않았지만 그의 건강이 회복되었을 때, 그는 '베셀 함수의 기준 원점을 변환시키는 몇 가지 공식(*Some formulae for transforming the origin of reference of Bessel's functions*)'을 포함한 짧은 논문을 1986년 <수학의 전달자(The Messenger of Mathematics)>에 발표하였다. 이 저널의 편집자는 유명한 기상학자 겸 천문학자인 제임스 글레이셔(James Glaisher, 1809~1863)의 아들인 제임스 휘트브리드 리 글레이셔(James Whitbread Lee Glaisher, 1848~1928) 박사였다[9]. 1899년에는 '전자기장과 관련된 광행차와 몇 가지 문제

9) Pedgley, D. E., 1955 : Pen portraits of Present-James Glashier, FRS. Weather, 50, 384~387

(*Aberration and some other problems connected with the electromagnetic field*)'란 제목의 에세이를 발표하였고 이 에세이로 케임브리지 대학교의 명성 있는 '애덤스 상'을 조지프 라모르(Joseph Larmor, 1857~1942)[10)]와 공동 수상하였다. 라모르는 1903년 케임브리지 대학교 수학과의 루카시언 교수[11)]가 되었다. 워커는 1904년 영국 학술원의 펠로로 선출되었고 같은 해 케임브리지 대학교에서 자연 과학 박사 학위(ScD)를 받게 되었다.

1903년 12월 31일자로 존 엘리엇이 은퇴하고, 1904년 1월 1일부터 워커가 인디아 기상대를 이어받았다. 그전 엘리엇이 한 것처럼 워커는 과학 보좌역(scientific assistant)의 지명자를 발표하였다. 그가 지명한 사람은 필드(J. H. Field), 패터슨(J. Patterson), 조지 심슨으로 1급 기상학자들이었고 이들은 후에 각각 인디아, 캐나다, 영국 기상대의 책임자가 되었다. 인디아 관측소와 기상 서비스를 구축하기 위한 작업은 워커의 많은 시간과 에너지로 이루어졌다. 이런 이유로 몇 해 동안 그가 발표한 출판물은 전무하였다. 그러나 시작부터 그는 그의 마음을 몬순 문제에 집중시켰다. 그의 많은 기상학 논문 중 최초의 논문은 1909년에 발표되었다. 제목이 '기후의 계절 변동 내에서의 상관 관계(*Correlation in seasonal variation of climate*)'인 논문이 <인디아 기상논문집(Indian Meteorological Memoirs)>에 게재되었다. 1908년 캘커타 대학교에서 강의한 내용을 케임브리지 대학교 출판부에서 ≪전자기 이론의 개요(*Outline of the theory of electromagnetism*)≫란 제목으로 발간하였다. 전자기

10) 아일랜드 출생의 수학자, 물리학자.

11) 영국 케임브리지 대학교에 있는 수학과에서 가장 실력 있는 교수에게 주는 석좌 교수 자리의 이름. 아이적 뉴턴(Issac Newton)이 제2대 루카시안 교수(Lucasian Professor)였고, 19세기에는 유명한 과학자 조지 스톡스(George Stokes), 그 다음을 이은 사람이 조지프 라모르(Joseph Larmor)이다. 1932년부터 1969까지는 양자 역학 창시자의 한 사람인 폴 디랙(Paul. A. M. Dirac, 1902~1984), 현재는 스티븐 호킹(Stephen Hawking)이 그 자리에 있다.

학에 관한 그의 관심은 그때 이후로 감퇴된 것으로 보인다.

이미 확립된 전제에 기초를 둔 수학적인 분석 방법으로 몬순(계절풍)을 예보할 수 없다고 인식한 워커는 대신에 경험적인 방법을 사용하기로 하였다. 브랜퍼드(H. F. Blanford), 노르만 록키어(Sir Norman Lockyer, 1836~1920)[12], 유고 힐데브란드-힐데브란드숀(Hugo Hildebrand-Hildebrandsson, 1838~1925)[13], 존 엘리엇 등이 연구한 것을 발전시켜, 워커는 인디아 내에서와 인디아 밖에서 이전에 일어났던 기상학적 사건과 인디아 몬순 자체의 결과로 일어나는 반응 사이의 통계적인 지연 상관 관계를 계산하였다. 여기에서 워커는 'seasonal foreshadowing'이란 현상을 발견하였다. 'foreshadowing'이란 'forecasting' 보다는 'avaguer prediction'이라고 말할 수 있다. 비록 그의 연구가 통계학을 크게 사용하고 있지만, 워커는 그가 확인한 관련성에 대해서는 또한 기상학적 개념을 부여하였다. 나일강 홍수에 관한 그의 연구는 이런 점을 나타낸 한 예가 된다. 1910년 워커가 발표한 논문에서 그는 다음과 같이 기술하고 있다 : '나일강 홍수는 아비시니아[14]에서 시작되는 몬순 강우에 의해서 결정되기 때문에, 이런 강우를 제공하는 가장 강한 바람은 그들의 움직임이 초기 부분에서 나란히 이동하여 결국에 아라비아해 북쪽까지 이동한다. 이렇게 되면 나일강 홍수와 북서 인디아의 몬순 강우는 밀접한 관련성이 존재하게 된다[15].' 그는 경험적인 통계 방법의 한계성에 대해서 잘 인식했고, 실제로 퍼시벌 셰퍼드(Percival Albert Sheppard, 1907~1977)[16]는 '워커 결과의 유의성을 조사하기 위해

---

12) 잉글랜드 럭비 출신의 천문학자로 천체물리학 분야에 공헌하였으며 1869년 <Nature>지를 창간하였다.

13) 스웨덴의 기상학자로 구름 분류에 공헌하였다.

14) Abyssinia : 아프리카 에티오피아의 옛 이름.

15) Walker, G. T., 1910 : On the meteorological evidence for supposed changes of climate in India. *Indian Meteorol. Mem.,* 21, part I, No. 1, 1~21

16) 잉글랜드의 기상학자로서 영국왕립기상학회 55대 회장(1957~1959)을 역임하였다.

서 가장 정확한 방법을 찾아야 한다.'라고 언급하고 있다.

1924년 12월 워커는 인디아에서 은퇴하여 네이피어 쇼의 뒤를 이어 런던 대학교 임페리얼 칼리지의 과학·기술과의 기상학 교수가 되었다. 여기서 그는 세계 기상에 대한 그의 연구를 계속하였을뿐만 아니라 그의 관심을 특히 구름 형성에 관련된 불안정 유체 내의 대류 실험 연구로 돌려 그 자신이 유명한 실험 물리학자임을 증명하였다. 이 연구는 그가 인디아에 있을 동안 흥미롭게 생각하였던 새의 '활상(soaring)'[17]과 '활강(gliding)' 비행에 관심을 가지는 촉매가 된 것으로 보인다. 그는 인디아에서 독수리와 연으로 힘들이지 않고 610 m 이상 상승하는 것을 관측하였다. 그는 새의 비행에 관한 논문을 많이 발표하였는데 그 중에서 '기상학과 열대 새의 날갯짓을 하지 않는 비행(Meteorology and the non-flapping flight of tropical birds)'이란 제목으로 2편의 과학 기사는 1925년과 1927년 <왕립항공학회저널(Journal of the Royal Aeronautical Society)>에서 찾을 수 있다. 또한 그는 1929년에 출판된 ≪엔사이클로패디아 브리태니커(*Encyclopaedia Britannica*)≫ 14판에 '자연 비행(*Natural flight*)'을 집필하였다.

워커는 1934년 임페리얼 칼리지를 은퇴하고 케임브리지로 이사하여 1950년까지 살았다. 그 이후 어떤 한 장소에서 거주하지는 않았지만 거의 서리 주와 서식스 주에서 살았다. 은퇴 중에도 그는 활동적이었다. 그는 1935년부터 1941년까지 <쿼틀리>저널의 편집자로 봉사하였다. 또한 그는 여러 편의 논문을 이 저널에 게재하였고 마지막 논문은 1947년에 발표하였다. 그는 또한 많은 즐거움을 음악에서 찾았다. 그는 플루트의 진화 이론에 대한 공인된 전문가였고 악기 연주도 잘했다. 아울러 그는 스케이트와 그림도 좋아하였고 인디아에 있을 때 심라 예술 전시회에 수채 풍경화를 전시하기도 하였다. 그가

17) 상승기류를 이용하여 나는 것.

은퇴하였을 때, 그는 우수한 글라이더 조종사가 되어 있었지만 66세의 나이가 걸림돌이 되었다.

1905년 1월 18일 워커는 영국 왕립기상학회의 펠로로 선출되었고 1926년과 1927년에 걸쳐 회장으로 재임하였다. 두 번의 회장 연설 중에서 첫 번째 연설의 제목은 '대서양(The Atlantic Ocean)'으로 1920년대 독일 과학 탐사 항해에 관한 내용으로 1927년 출판된 <쿼틀리> 저널 4월호(53, 97~113)에 게재되었다. 두 번째 회장 연설은 '세계 날씨(World Weather)'란 제목으로 1928년에 출판된 같은 저널 4월호(54, 79~87)에 실렸다. 또한 워커는 1023, 1924, 1928년에 영국 왕립기상학회의 부회장을 역임하였고 1925년, 1935년부터 1939년까지 펠로와 정회원으로 봉사하였다. 워커는 1934년 영국 왕립기상학회가 수여하는 '시먼스 기념 메달'을 받게 되었다.

인디아에 있는 동안, 워커는 1918년 벵갈 아시아 학회(Asiatic Society of Bengal)[18]의 회장을 역임하였고 같은 해 인디아 과학 총회(Indian Science Congress)의 회장으로도 봉사하였다. 그의 회장 연설문은 1918년 '≪Journal and Proceedings of the Asiatic Society of Bengal≫과 ≪Proceedings of the 5th Indian Science Congress≫' 에서 찾을 수 있다. 워커는 1911년 CSI(Companion of the Order of the Star of India)를 받게 되었고 1924년 국왕 탄생일에 작위를 받았다. 임페리얼 칼리지의 명예 교수이고 왕립천문학회의 명예 펠로인 그는 유럽 대부분의 기상학회의 통신 회원이었다.

길버트 토머스 워커는 1908년 메이 콘스탄스 커터(May Constance Carter)와 결혼하여 아들 하나와 딸 하나를 낳았다. 메이는 1955년 사망하였고 워커는 1958년 11월 4일 서리 주 콜스돈에서 사망하였다. ▮

---

18) 1784년 1월 15일 윌리엄 존스(Sir William Jones, 1746~1794)에 의해서 인디아 캘커타에서 'Asiatick Society'란 이름으로 결성되었다. 1825년부터 1935년까지 'Asiatic Society of Bengal'로 불렸고 1936년부터 1951년까지 'Royal Asiatic Society of Bengal'로 되었다가 1951년 7월부터 현재까지 'Asiatic Society'로 불리고 있다.

| 연대기 |

1900	6월 30일 스코틀랜드 미드로디언 주 댈키스에서 태어남
1924	영국 기상대 전문 조수로 근무함
1932	영국 극지 탐험대 대장으로 선발됨
1943	연합 원정군 사령관의 수석 자문 기상역으로 지명됨
1944	D－Day 예보를 책임지고 충실히 수행함
1945	미국으로부터 공훈 군단장으로 지명됨
1946~51	IUGG 사무총장 역임
1955	독일 과학 아카데미의 가우스 베버 메달을 수상함
1959~60	영국 왕립기상학회 56대 회장을 역임함
1971	≪막중한 임무를 위한 예보≫를 출판함
1975	11월 4일 서리 주 콜스돈에서 사망함

7장

어빙 크릿

(Irving P. Krick, 1906~1996)

날씨를 상업에 이용하고 장기 예보를 D-Day 예보에 적용한 미국의 기상학자

날씨 예보를 상업으로 활용한 사람

미국의 기상학자인 어빙 크릿은 캘리포니아 공과대학(Caltech)의 기상학과를 창설한 교수였고, 산업과 상업 기상 서비스에 기상학적 응용을 개발한 선구자였다. 많은 사람들로부터 비난을 받기는 하였지만, 기상학에 몰두한 그의 정신은 영원할 것이다. 1985년 로스앤젤레스 타임스와의 인터뷰에서 어빙 크릿은 "날씨는 나의 인생이고, 만약 내가 은퇴한다면, 그 다음날이 내 장례식이 될 것이다."라고 말하였다.[1)]

그는 1996년 6월 20일 아내 마리(Marie)와 함께 오랫동안 살았

---

1) http://www.obitcentral.com/obitsearch/obits/ma/ma-bristol59.htm

던 캘리포니아 주 패서디나[2]의 자택에서 89세의 일기로 사망하였다. 그의 아내도 뒤를 이어 그해 7월에 사망하였다.

대기 과학으로 결정

어빙 크릿은 1906년 12월 20일 미국 캘리포니아 주 샌프란시스코에서 태어났다. 이때는 1906년 4월 18일 샌프란시스코 대지진이 발생한지 6개월 남짓 지난 시기였다. 어빙은 음악적인 소질을 타고나서 어린 시절 천재적인 피아노 연주자로서 베이 지역 주변을 돌아다니면서 공연하였다. 고등학교를 졸업한 후, 그는 음악과 과학 사이에서 진로를 걱정하기도 하였다. 그는 캘리포니아 대학교 버클리 분교(UC Berkely)에 입학하여 물리학 학사 학위를 받고 졸업하였다. 그 당시 시카고 대학교에서 기상학 학위 과정을 수행하고 있던 처남인 호러스 바이어스(Horace R. Byers, 1906~1998)의 영향을 받아, 어빙은 그의 전공을 대기 과학으로 결정하였다.

야간에는 '웨스턴에어익스프레스(Western Air Express)' 항공사에서 일하며 캘리포니아 공과대학(Caltech)에서 계속 공부하던 동안, 그는 공부한 내용을 응용할 수 있었고, 산악이 많은 서부 지방의 상공을 비행하는 항공사의 조종사를 위해 비행 날씨를 예

---

2) Pasadena: 로스앤젤레스 시 북동쪽 15 km 지점에 있는 교외 주택 도시이다. 인간공학, 환경, 기술, 금융 관련 사업이 경제활동의 주류를 이룬다. 미국항공우주국(NASA)의 협력 아래 운영되는 제트추진연구소가 있는 캘리포니아 공과대학과 풀러 신학교(1947), 디자인아트센터칼리지(1930) 등이 소재하고 있다.

보하는 경험을 얻을 수 있었다. 그는 푄의 일종으로 남부 캘리포니아에서 발생하는 '산타나(Santa Ana)'에 대해서 박사 학위 논문을 썼다[3]. 어빙에게 영향을 미친 Caltech 교수는 지구물리학자인 베노 구텐베르크와 항공 역학자인 시오도로 폰 카르만이었다. 폰 카르만 교수는 구겐하임항공연구소의 소장이었다.

읽을거리 ◦◦◦ 항공학 분야의 권위자 : 시오도르 폰 카르만

헝가리 태생의 미국 공학자·물리학자인 시오도르 폰 카르만(Theodore von Kármán, 1881~1963; 그림 7-1)[4]은 1881년 5월 11일 헝가리 부다페스트에서 태어났다. 그는 1902년 왕립기술 대학교에서 공학을 전공하고 졸업하였다. 그런 다음 그는 독일 괴팅엔 대학교[5]의 루트비히 프란틀(Ludwig Prandtl, 1875~1953)[6] 교수를 만나 수학한 후 1908년 그곳에서 박사 학위를 취득하였다. 그는 괴팅엔 대학교에서 4년간 학생을 가르쳤다. 그는 비행에 흥미를 느껴 1912년 아헨 대학교 항공 연구소의 소장 직을 얻게 되었다. 그는 이곳에서 1930년까지 머물렀다. 그러나 이 기간 동안 군복무를 위해 1915년부터 1918년까지 육군(Austro-Hungarian army)에서 근무하였고 이 기간 동안 초기 헬리콥터를 고안하였다.

3) Krick, I. P., 1933: Föhn winds of southern California. *Beitr. Geophys.*, 39, 399~407

4) 본명은 von Sköllöskislaki Kármán Todor이다.

5) Georg-August-Universität Göttingen이 원명으로 1734년 대영제국의 왕이며 하노버 선거 후인 조지 2세에 의해서 창설되어 1937년 개교하였다.

6) 독일의 물리학자로서 공기역학(aerodynamics)의 선구자이다.

그림 7-1 헝가리 태생의 미국 공학자·물리학자인 시오도르 폰 카르만으로 1940년대와 50년대 항공학 분야에 활약하였다.

유럽의 발달에 회의를 느낀 그는 1930년 캘리포니아 공과대학[7)]의 구겐하임항공연구소(Guggenheim Aeronautical Laboratory) 소장 직을 받아들여 미국으로 이주하였다. JATO(Jet Assisted Take Off) 로켓 모터를 생산하기 위해서 1936년 그는 프랭크 마리나(Frank Malina, 1912 – 1981)와 함께 '에어로제트(Aerojet)'라는 회사를 설립하였다.

1944년 그는 제트추진연구소(Jet Propulsion Laboratory; JPL)를 설립하는 데 일조를 하였고 1946년 과학자문 그룹(Scientific Advisory Group)의 초대 회장을 맡게 되었다. 이곳은 육군 공군(Army Air Force)을 위한 항공 기술을 연구하는 연구소였다. 그는 또한 1951년 북대서양조약기구(NATO) 공기역학 연구 감독 그룹인 AGADA(Advisory Group for Aeronautical Research and Development)을 설립하는 데 도움을 주었고, 1956년 항공과학 국제위원회(the International Council of the Aeronautical Sciences), 1960년 우주 비행학 국제 아카데미(the International Academy of Astronautics)를 설

7) 1891년 미국 캘리포니아 주 패사디나에서 설립된 대학으로 자연과학과 공학을 선도하는 곳이다.

립하는 데 도움을 주었다. 또한 1956년 10월 그는 브뤼셀에 폰 카르만 연구소(the von Karman Institute)를 설립하였다.

카르만의 명성은 유체 흐름을 연구하기 위해서 수학을 도구로 이용한 것이고 실제 디자인에 적용하기 위해서 수학적인 결과들을 설명한 것이다. 그는 현대 제트비행기에 필수적인 장치인 '후퇴익(swept-back wing)'의 중요성을 인식하여 장치를 만들었다.

그의 공헌은 비탄성 좜쇠(non-elastic buckling), 비정상 회전하는 원통 흐름에서 발생하는 비정상상태 후류(unsteady wakes in circum-cylinder flow), 층류의 안정도, 난류, 정상과 비정상 흐름 내의 에어포일, 경계층, 초음속 공기역학 등의 이론에서 이루어졌다. 이외에도 그는 탄성, 진동, 열전달, 결정학 분야에도 공헌을 하였다. ▮

캘리포니아 공과대학 기상학과

1934년 크릿은 항공학과 안에 설치된 기상전공의 전공 주임이 되었다. 1930년 후반에 이르러서, 크릿은 장기간의 연구기록 결과에 기초하여 종관 날씨 유형을 분류하는 방법을 개발하였고 북반구 상공에서 나타나는 순환 유형에서 '활동 중심의 역학(dynamics of centers of action)'에 관한 그의 견해를 피력하였다. 그는 동료인 로버트 엘리엇(Robert D. Elliott)과 함께, 상층 순환은 6일 주기로 반복되는 것으로 일종의 장기 예보 시스템이라고 밝혔다. 또한 대기는 자연에 의해서 순서 바르게 반복적으로 존재한다는 강한 믿음을 가지고 있었다. 그래서 그는 주기적인 실마리를 찾는 데 많은 노력을 기울였다. 이런 결과로 그는 초기 컴퓨터 기술을 과학에 도입한 초기 주창자가 되었고 실제로 컴퓨터를 많이 사용한 사람이 되었다.

캘리포니아 공과대학(Caltech)의 기상학 대학원 과정이 1934~1935 학년도에 시작되었다. 이 과정은 1년 과정이었고 부수적으로 논문을 제출하면 석사 학위를 취득할 수 있었다. 어빙 크릿이 이 과정을 폰 카르만과 함께 운영하였다. 대기 난류를 연구하고 있던 폰 카르만은 헝가리 출신으로 기상학자로는 교육을 받지 않았지만, 1933~1934 학년도에 기상학 강좌를 강의하였다. 그는 상업 항공과 군사 기술에 공헌하였다. 폰 카르만은 Caltech의 정규 과목으로 기상학을 포함시켰다. 폰 카르만은 Caltech 당국에 건의하여 크릿을 유럽으로 보내 최신 기상연구 방법을 연구하도록 하였다.

1934년 여름 어빙 크릿은 Caltech의 재정 지원을 받아 독일로 박사 과정을 떠났다. 그는 라이프치히 대학교에서 루트비히 바이크만(Ludwig Weickmann, 1882~1947)을 만나 장기 예보에 관한 아이디어를 교환할 수 있었다. 또한 그는 빌헬름 비야크네스, 야코브 비야크네스, 스베레 페테르센을 만나 기단 분석에 대해서도 많은 것을 배울 수 있었다.

Caltech으로 돌아온 후 크릿은 조교수로 임명되어 독립된 기상학과의 학과장을 맡게 되었다. 그 당시 기상학과의 많은 학생들은 육군 통신대 장교였다. 그는 바이크만의 장기 예보 아이디어를 시험하기 시작하였다. 과거 기록을 분석하여 예보하는 아이디어가 나타나게 되었다. 이러한 연구에 의해 날씨 유형에 의한 장기 예보가 이루어지게 되었다. 크릿은 미국 서부 지역의 종관기상을 분석하여 태평양 고기압이 미국 전역의 종관 예보에 열쇠가 된다고 확신하게 되었다.

1935년 Caltech은 노르웨이의 기상학자인 스베레 페테르센을 방문 교수로 맞아들여 3개월간 기상학 강좌를 열었다. Caltech의 유명한 지구물리학자인 베노 구텐베르크는 대기의 구조에 관한 강좌를 열었다. 그리고 전체적으로 기상학 프로그램은 태동하기 시작한 캘리포니아 항공 산업과 다른 응용 활동에 필요한 기상학자들을 훈련시키는 쪽으로 기울게 되었다. 졸업생의 대부분은 컨설턴트로 근무하였고, 크릿 자신도 수지맞는 사업 쪽으로 달려가 버렸다.

1935년 크릿은 Caltech에서 근무하면서 할리우드 영화 제작사에게 개인적인 날씨 예보 서비스를 제공하였다. 그는 영화 '바람과 함께 사라지다(Gone With The Wind)'에서 애틀랜타가 불타는 장면을 찍기 위해 적절한 날씨 조건을 갖춘 날짜를 선정했다고 한다.

강력한 이론적 연구 성과의 부족과 크릿의 연구 방법에 대한 반대적인 입장들이 대두됨에 따라, Caltech의 기상학과 위상은 약화되었다. 크릿의 견해와 기업가적인 활동이 때로는 물의를 나타내기도 하였지만, 그는 Caltech 학장인 로버트 앤드루스 밀리컨(Robert Andrews Millikan, 1868~1953)[8]에 의해서 교수 시절 동안에는 강력한 후원을 받았다. 크릿에 대해서 기상학자인 로런 크로우(Loren W. Crow)는 '그는 기상학 이외에는 아무런 말도 하지 않았다'라고 회고하였다. 그는 매우 열정적으로 일에 몰두하였다. 1945년 물리학자이며 교육가인 리 앨빈 두브리지(Lee Alvin

8) 미국 실험 물리학자로서 전자의 전하 측정과 광전기 효과에 관한 연구로 1923년 노벨 물리학상을 수상하였다.

DuBridge, 1901~1994)가 Caltech의 학장이 되었고, 1948년 기상학과는 폐쇄되었다.[9]

D-Day 예보

어빙 크릿은 그의 특출한 정열과 개념을 학생들과 동료들에게 전하는 독특한 능력을 지닌 사람이었다. 이 점은 미국이 2차 세계대전에 참전 전과 참전 동안 특히 중요하였고, 그의 많은 제자들은 급격히 팽창하는 미 육군 항공대의 기상 서비스의 핵심 예보관들이 되었다. 이런 이유로 그의 영향이 직·간접적으로 기상학 발전에 미쳤고 때로는 기상학과 관련 분야에 뚜렷한 업적을 이루기도 하였다.

2차 세계대전이 발발하자, 전쟁 초기 크릿은 Caltech을 떠나 육군 대령으로 유럽 전선에 참전하여 미 전략 공군의 기상정보대 대장으로 근무하였다. 그는 'Mighty Eighth'를 포함한 미 전략 공군의 주간 폭격작전을 지원하는 예보자로서 활약하였다. 이 작전은 독일군에 상당한 피해를 입혔다.

D－Day 예보에 참여한 예보관은 어빙 크릿과 다른 5명이 관여하였다. 즉, 던스터블에서 근무한 영국 공군성의 2명, 포츠머스에서 근무한 영국 해군본부의 2명, 와이드윙에서 근무한 미국 육군의 2명이 연합국 총사령관인 아이젠하워 장군의 기상 참모로 참

9) Koelsch, W. A., 1996 : From Geo-to Physical Sciences: Meteorology and the American University, 1919~1945. In: Historical Essays on Meteorology 1919~1995. Edited by J. R. Fleming, 526~527

여하였다. 크릿은 Caltech의 동료로서 육군 중령으로 참전한 벤저민 홀츠만과 함께 일하였다.

와이드윙의 어빙 크릿은 과거 기록으로부터 유사한 기상 상황을 선택하여 현재 상황에서 어떤 현상이 일어날 것인가를 고려하는 유사 기술을 사용하였다. 이러한 유사법을 사용함으로써 와이드윙의 예보관들은 48시간 이상인 경우 던스터블 예보관들보다 더 상세하게 포함할 수 있어 더 비중 있게 다루는 경향이 있었다.

계절에 맞지 않게 북대서양에 몰아치던 폭풍을 염려하던 예보관들은 6월에 가능한 날은 6, 7, 8일 중에서 감행해야 한다고 아이젠하워 장군에게 건의하였고, 아이젠하워 장군은 이에 동의하여 6월 6일을 D-Day로 정하였다.

전후 활동

전쟁 후 크릿은 농업, 항공기 운행, 공익 기업 등을 포함하여 다양한 산업체에서 날씨 정보를 필요로 하는 고객들에게 상업 서비스를 실시하였다. 그는 영화 제작자 협회의 고문으로서, 그의 예보와 기후 정보는 매일 필수적인 부분이어서 때로는 비용이 비싸기도 했지만 대부분 할리우드 영화 산업에 필수 결정 과정이었다.

1948년 크릿은 그 자신이 세운 자문 회사인 어빙 피 크릿 회사에 전념하기 위해 캘리포니아 공과대학을 떠났다. 그는 은퇴하기 위해 이 회사를 1990년 펜실베이니아 주 웨인에 소재한 전략 기상 서비스(Strategic Weather Services)회사에 팔았지만 명예 회장으로는 남아 있었다.

날씨 변형

1940년 중반 뉴욕 '제너럴 일렉트릭(GE)'사 연구소의 과학자인 빈센트 조지프 섀퍼(Vincent Joseph Shaefer, 1906~1993)는 드라이아이스가 어떤 구름에서 얼음 알갱이를 만든다는 것을 발견하였다. 얼음 알갱이가 강수를 증가시킨다는 것은 이미 알려진 사실이었다. 뒤따라 버너드 보네거트(Vernard Vonnegut, 1914~1997)도 드라이아이스와 결정 구조가 비슷한 옥화은이 얼음 알갱이를 만들 수 있다는 사실을 발견하였다. 보네거트의 발견으로 드라이아이스와 옥화은을 모두 사용하는 현대 구름 씨뿌리기 시도가 탄력을 받게 되었다. 어빙 크릿은 비를 만들어 가뭄을 해소하기 위해서 '웨스트 텍사스 유틸리티즈 컴퍼니(the West Texas Utilities Company)'와 달라스 시와 계약을 맺어 선도적으로 인공 강우 활동을 하였다. 크릿은 지상에서 옥화은 발생기를 사용하여 대기 중으로 얼음 알갱이를 날려 보냈다. 자연적인 상승기류에 의해서 구름으로 옥화은이 전달되어 얼음 알갱이를 만들었고 그런 다음 강수가 발생하였다.

어빙 크릿은 서부 지역에 큰 피해를 입힌 1977년 가뭄을 예측하였고 대책을 권고하였지만 받아들이지 않았다. 그의 개인적인 관심은 농부, 목동, 항공사, 게임 회사, 외국 정부들에게 도움을 주었다. 그는 스페인, 프랑스, 이탈리아에서 비를 만들었다. 그의 구름 씨뿌리기 노력으로 인하여, 이스라엘의 목마른 대지에 밀이 자라도록 하였다. 그는 알버타에서 우박이 내리는 것을 중단시켰고 1960년 캘리포니아 주 스쿼밸리에서 개최된 동계 올림픽에 적절한 눈이 내리도록 하였다. 이러는 동안 기상 당국은 그가 무엇을 하고 있는지 모르고 있다고 주장하였다. 오랫동안 기상 당국은 크릿이 이룩한 일들을 연구하기 위해 많은 예산을 낭비하고 있었다.

읽을거리 인공 강우의 선구자 : 빈센트 조지프 섀퍼

미국의 화학자·기상학자인 빈센트 조지프 섀퍼(Vincent Joseph Schaefer, 1906~1993; 그림 7-2)는 1906년 7월 4일 뉴욕 주 스케넥터디[10]에서 아버지인 피터 알로이시우스(Peter Aloysius Schaefer)와 어머니인 로즈 애그너스(Rose Agnes (Holtslag) Schaefer) 사이의 장남으로 태어났다. 섀퍼는 두 명의 남동생인 폴(Paul) 과 칼(Carl) 그리고 두 명의 여동생 거트루드(Gertrude)와 마거릿(Margaret)을 두었다. 섀퍼 가족들은 뉴욕 주 스케넥터디에서 살았고 어머니의 건강 때문에 가족들은 여름이 되면 애디론댁 산맥[11]으로 여행을 떠났다. 섀퍼는 일생 동안 애디론댁 산맥과 연관된 삶을 살았고 하이킹, 자연사, 고고학에 관심을 가졌다. 젊은 시절 그는 단독 대원(Lone Scouts)[12]의 지역 동아리(local tribe)를 창설하였고 그의 지역 동아리 동료들과 함께 동아리 논문집(tribe paper)인

10) Schenectady :미국 뉴욕 주 중동부 스케넥터디 군의 군청 소재지(1809)이며 시.
11) Adirondack Mountains : 미국 뉴욕 주 북동부에 있는 산맥.
12) 스카우트 대가 거리상 멀리 떨어져 있어 인근 지방 또는 지구연합회에 단독으로 가입하고 단신 활동하는 경우를 말한다.

그림 7-2 미국의 화학자·기상학자인 빈센트 섀퍼·그는 드라이아이스를 이용한 구름 씨뿌리기 연구로 유명하다.

'고고학 연구(Archeological Research)'를 집필하고 인쇄하였다. 이러한 출판물을 통하여 그는 제너럴 일렉트릭 사(General Electric Research Laboratory)[13)]의 설립자인 윌리스 휘트니(Willis R. Whitney, 1868~1958) 박사를 포함한 스케넥터디 지역의 저명 인사에게 알려지게 되었다.

1922년 섀퍼의 부모는 섀퍼에게 고등학교를 그만두고 가족 생계를 위해서 일할 것을 요구하였다. 그래서 외삼촌의 충고에 따라, 그는 제너럴 일렉트릭 사에서 4년 동안 수습 기계공으로 취직하였다. 섀퍼는 수습 기간 중 뉴욕 주 고고학자인 아서 파커(Arthur C. Parker, 1881~1955) 박사를 동반하여 중부 뉴욕 주 탐사에 참가하기 위해서 1개월 휴가를 허락 받았다. 1926년 섀퍼의 수습 기간이 끝남에 따라, 그는 제너럴 일렉트릭 사의 기계 제작소에서 일하도록 배치를 받았다. 그는 이곳에서 도구 제작자로서 1년간 근무하였다.

도구 제작자의 일에 다소 싫증을 느끼게 됨에 따라, 섀퍼는 야외에서 만족스러운 일을 찾게 되었다. 그는 뉴욕 시에 소재한 유니언 칼리지에서 강의를 들었고 1927년 오하이오 주 켄트 시에 소재한 데이

---

13) 에디슨 전기회사와 톰슨 휴스턴사와의 합병으로 1892년 제네럴 일렉트릭 사가 창립되었다.

비수목 외과대학(Davey Institute of Tree Surgery)에 입학하여 1928년 졸업하고 수목 외과의사가 되었다. 졸업 후 짧은 기간 동안 미시간에서 일한 후, 섀퍼는 스케넥터디 지역으로 돌아와 독립적인 풍경 정원사(landscape gardener)로서 일하였다. 1929년 섀퍼는 식물 종묘원 상회에 들어갈 수 있는 기회가 생겨 마음이 기울어져 있었지만 GE 사의 부장인 로버트 팔머(Robert Palmer)의 조언을 받아들여, 그 대신 모델 제작자로서 GE 사의 기계 제작소에 재입사하였다.

1920년대 후반과 1930년대 초반 동안, 섀퍼는 자연사, 과학, 그가 흥미를 가지고 있었던 여러 분야들에 관한 개인 도서관을 만들어 그곳에서 상당 양의 책을 읽었다. 그는 또한 그의 관심에 동조하는 사람들과 함께 그룹을 결성하였다. 1929년 모호크 밸리 하이킹 그룹(Mohawk Valley Hiking Club), 1931년 뉴욕 고고학 연합의 반 입스-하틀리 지부(Van Epps-Hartley Chapter of the New York Archeological Association), 1932년 스케넥터디 겨울 스포츠 클럽(Schenectady Wintersport Club) 등이다. 1933년 섀퍼는 뉴욕의 긴 마라톤 코스를 개발하는 일을 시작하였다. 이 기간 동안 섀퍼는 또한 자연사 토픽에 관한 성인 교육 프로그램을 만들어 지역 사회에 연설할 수 있는 기회를 만들었다. 이러한 많은 활동을 통하여, 그는 GE 사의 공학자인 존 애퍼선(John Apperson)을 포함한 여러 사람들에게 계속하여 그의 면식을 넓혔고 애디론댁 산맥의 열렬한 보호주의자가 되었다. 애퍼선은 1932년 계면 화학(surface chemistry)의 공로로 노벨 화학상을 수상한 GE 사 최초의 과학자였던 어빙 랭뮤어(Irving Langmuir, 1881~1957)를 소개하였다. 다른 여러 일 중에서, 랭뮤어는 섀퍼의 스키 타기와 야외 활동에 대한 정열을 공유하였다.

GE 사의 기계 제작소에서 섀퍼는 랭뮤어와 그의 조수인 캐서린 블로젯(Katharine Blodgett, 1898~1979)을 위한 장비를 만들었다. 1932년 랭뮤어는 섀퍼에게 그의 실험 조수가 되어 줄 것을 요청하였다. 섀퍼는 이 제안을 받아들여 1933년 랭뮤어, 블로젯, 휘트니, GE 사와 GE

관련 사에 근무하는 여러 사람들과 함께 그의 연구를 시작하였다. 그 자신뿐만 아니라 랭뮤어, 블로젯, 여러 사람들과 함께, 섀퍼는 그가 연구한 분야에 대해서 많은 보고서를 편찬하였다. 여기에는 계면 화학 기술, 전자 현미경 기술, 편광, 여러 표면에서의 얼음의 친화력, 단백질과 다른 단일층(monolayers), 단백질 필름 연구, 텔레비전 튜브, 아현미경적 분진(submicroscopic particulates) 등이 포함된다.

1938년 연구원으로 승진한 후, 섀퍼는 랭뮤어가 2차 세계대전 전후에 특히 군사 문제와 연관된 국가 자문 위원회에 참여하여 수주한 많은 연구 프로젝트에서 랭뮤어와 긴밀하게 연구를 계속하였다. 이러한 연구에는 연기의 가스 마스크 여과 장치, 입체 음향에 의한 잠수함 감지, 연기 발생기를 이용한 인공 안개의 형성 등이 포함되어 있었다. 인공 안개의 형성 프로젝트는 군사 전문가들이 참석한 가운데 쇼하리 계곡에 있는 브룸만스 노즈(Vrooman's Nose)에서 시연을 통해 결실을 맺었다.

조수 시절 동안 랭뮤어는 섀퍼에게 그 자신의 연구 프로젝트 수행을 허락하고 격려하였다. 한 예로 1940년 섀퍼는 미세한 플라스틱 피복제를 사용하여 눈송이의 복제물 제작 방법을 개발하여 명성을 얻게 되었다. 이 발견으로 대중 잡지에 그의 기사가 실려 국가적으로 유명하게 되었고 그의 방법을 복제하고자 하는 많은 학생들을 포함한 사람들과 상당한 접촉을 하였다.

2차 세계대전 동안인 1943년, 섀퍼와 랭뮤어 연구의 초점이 '강수 공전(precipitation static)', 비행기 착빙, 얼음 핵, 구름 물리학으로 옮겨가게 되어 많은 실험들이 뉴햄프셔 주 워싱턴산 천문대에서 실시되었다.

섀퍼는 그의 동료인 버너드 보네거트와 함께, 내부 온도가 −23℃로 유지되는 냉장 상자를 사용하여 얼음과 눈의 형성을 연구하였다. 1946년 7월 섀퍼는 드라이아이스로 만들어진 과냉각 구름에 씨를 뿌리는 실험실 방법을 개발하였고 그해 11월 13일 그는 비행기로 스케넥터디 남동쪽 약 30 km 떨어진 매사추세츠 주 피츠필드 상공을 비행하면서 자연의 구름에 야외 시험 씨뿌리기를 성공적으로 수행하였다. 섀퍼는 구름 속에 2.7 kg의 드라이아이스를 뿌려 역사상 최초의 인공 폭설을 유도하였다.

또 다시 그의 명성이 대중에게 널리 알려짐에 따라, 그 당시 인공 눈을 만들고자 하는 사람들과 전 세계 날씨 변경을 연구하고 있던 많은 사람들과 회사들이 그와 교신하였다. 섀퍼의 발견은 또한 구름 씨뿌리기를 통해 자연을 변경하는 적절성에 많은 논란이 있었다. 부수적으로 야외 실험이 성공함에 따라 랭뮤어는 GE 연구소에 의해서 이루어지는 구름 씨뿌리기와 날씨 변경에 대한 부수적인 연구를 지원하는 연방 연구비를 수주할 수 있었다. 섀퍼는 시러스 프로젝트(Project Cirrus)의 연구실 담당 책임자였다. 반면 공군과 해군은 야외 실험을 수행하는 비행기와 조종사를 지원하였고 GE 연구소에서 사용하는 자료를 수집하였다. 야외 실험은 스케넥터디에서뿐만 아니라 푸에르토리코와 뉴멕시코에서도 실시되었다.

시러스 프로젝트에서 일하고 있던 전투 조종사들이 한국 전쟁 발발로 임무 수행에 투입되도록 결정되자, GE는 프로젝트에 관한 포괄적인 보고서가 준비되고 발견이 이루어진 후에 시러스 프로젝트가 중단되어야 한다고 권고하였다. 시러스 프로젝트의 최종 보고서는 1953년 3월에 제출되었다.

시러스 프로젝트가 난항을 거듭하고 있는 동안, 무니탈프 재단(Munitalp Foundation)의 담당 관재인 버넌 크루지(Vernon Crudge)가 섀퍼에게 접근하여 무니탈프의 기상연구 프로그램에 일할 것을 종용하였다. 한 동안 섀퍼는 GE 연구소와 무니탈프에서 동시에 일하였고 1954년 그는 GE 연구소를 떠나 무니탈프(Munitalp)의 연구 소장이 되었다. 무니탈프에서 섀퍼는 로키 산맥 북부에 소재한 미 산림청(U.S. Forest Service)과 함께 스카이파이어 프로젝트(Project Skyfire)를 수행하였다. 이 프로젝트는 뇌우 속 번개의 패턴에 영향을 미치는 구름 씨뿌리기의 사용을 결정하는 프로그램이었다. 자연적인 산불은 번개에 의해서 시작된다. 스카이파이어 프로젝트는 오래 전부터 산림청과 섀퍼 사이에 관련성이 있었고, 섀퍼는 시러스 프로젝트에 앞서 스카이파이어 프로젝트를 시작하였다. 무니탈프에서 일하는 동안 섀퍼는 또한 이동 대기 연구소와 시간 경과 구름 촬영을 개발하는 데 전념하였다. 1958년 섀퍼는 케냐로 이주하는 재단과 함께 이동하라는 제의를 받았으나 거절하고 무니탈프를 떠났지만, 여러 해 동안 그는 자문역으로 남았다.

무니탈프를 떠난 후, 섀퍼는 과학 교육 쪽으로 눈을 돌렸다. 그는 미국기상학회와 자연과학재단과 함께 교육 필름 프로그램에서 일하였고 자연과학 연구소(Natural Science Institute; NSI) 여름 프로그램을 개발하여 과학자들과 함께 일하고자 하는 고등학교 학생들에게 기회를 제공하였으며 그들 자신들이 야외 실험과 실습을 할 수 있도록 하였다.

1959년부터 1961년까지 섀퍼는 코네티커트 주에 소재한 루미스 학교의 대기과학 센터의 소장으로 재임하였다. 1962년부터 1968년까지 NSI 프로그램은 올버니에 있는 뉴욕 주립 대학교의 대기과학 연구센터(Atmospheric Sciences Research Center; ASRC)의 후원 하에 섀퍼의 지휘로 계속 이어졌다. 이 기간 동안 섀퍼는 또한 여러 회사, 정부 기관, 대학교를 위한 그의 자문 일을 계속하였다. 이러한 자문 활동들은 그의 경력 대부분을 차지하였고 ASRC를 은퇴한 후인 1976년까지 계속되었다.

섀퍼는 1960년 ASRC를 창설하는 데 도움을 주었고 1966년까지 연구 소장으로 재임하면서 아주 우수한 대기과학 연구자들을 불러 모았다. 그들 중 많은 사람들은 GE와 Munitalp에서 그의 연구를 통해 만났던 사람이었다. 버너드 보네거트, 레이먼드 포크너(Raymond Falconer,

그림 7-3 왼쪽부터 레이먼드 팔코너, 빈센트 섀퍼, 버너드 보네거트, 던컨 블랜처드로서 1989년의 모습이다.

1913~2001), 던컨 블랜처드(Duncan Blanchard) 모두는 시러스 프로젝트에 참여한 베테랑(그림 7-3)으로서 ASRC에서 섀퍼와 합류하였다. ASRC에서 그의 재임 기간 동안, NSI 여름 프로그램과 더불어 섀퍼는 야외 실험실에서 일하고 있는 대기과학자들을 위하여 매년 1월 예로스톤 파크에서 연구 경연 대회를 개최하였다. 1970년대 섀퍼 자신의 연구 관심사는 태양 에너지, 에어로졸, 대기질, 대기 중의 오염 물질에 초점을 맞추었다. 이들 분야 일부에 관한 그의 연구는 1978년 ≪전 세계 규모에 관한 대기질(*Air Quality on the Global Scale*)≫이란 제목으로 3권의 보고서를 완결시켰다. 이외에도 1970년대 섀퍼는 미국과학진흥회(the American Association for the Advancement of Science; AAAS)가 개최한 과학 교사를 위한 츄타쿠아(Chautaqua) 단기 과정에서 강사로 활약하였다.

은퇴 후에도 섀퍼는 사진 작가인 존 데이(John Day)와 함께 '피터슨 야외 조사 시리즈(Peterson Field Guide series)' 중의 하나인 ≪야외 대기 조사 입문서(A Field Guide to the Atmosphere)≫(그림 7-4)를 1981년 출판하였다. 자문 연구를 병행하면서 섀퍼는 또한 뉴욕의 마라톤 코스

그림 7-4 미국 기상학회 소식지에 실린 빈센트 섀퍼의 ≪야외 대기조사 입문서≫신간 안내 광고.

(Long Path)에 관한 저술을 포함해 많은 취미 생활을 영위하였다. 그의 은퇴 생활 동안 섀퍼는 또한 발간되지 않은 자서전, 그의 연구 노트와 필름 소장품을 정리하면서 그의 인생 역정을 회고하였다. 섀퍼는 또한 그가 '지구의 옛날 창(Ancient Windows of the Earth)'이라고 불렀던 프로젝트를 연구하였다. 이 프로젝트의 일환으로 섀퍼는 애디론댁 산맥에 있는 노스 크릭에 지은 세인트 제임스 교회의 창문을 그의 부모님을 기념하여 디자인하고 만들었다.

섀퍼는 1948년 노트르담 대학교로부터 과학박사 학위(Sc.D)를 수여 받았다. 그는 1957년 미국학술원(American Academy of Arts and Science)의 펠로가 되었고 1976년 미국기상학회로부터 특별 표창장을 수여 받았다. 1983년 요크 대학교로부터 명예 과학박사 학위도 받았다.

섀퍼는 1935년 7월 27일 루이 페레(Lois Perret)와 결혼하였다. 그들이 죽을 때까지 그들은 스케넥터디 셰머혼 로드에 있는 집에서 살았다. 이 집은 섀퍼와 함께 그의 형제들이 지은 것으로 그들은 이 집을 우에스타인 사우스(Woestyne South)라 불렀다. 우에스타인 노스(Woestyne North)는 애디론댁 산맥에 있는 그들의 캠프로써 섀퍼가 그렇게 이름 지었다. 섀퍼는 3명의 자녀 즉 수산, 캐서린, 제임스를 두었다. 빈센트 섀퍼는 1993년 7월 25일 87세의 나이로 병원에서 사망하였다. ▮

| 연대기 |

1906	12월 20일 미국 캘리포니아 주 샌프란시스코에서 태어남
1933	Caltech에서 박사 학위를 받음
1934	Caltech의 항공학과 기상전공 전공 주임이 됨 독일 라이프치히 대학교로 박사 후 과정을 받음
1935	Caltech 기상학과를 창설하여 기상학과 학과장이 됨 조교수로 승진함
1939~45	육군 대령으로 참전하여 D-Day 예보에 참여함
1948	자문 회사인 어빙 피 크릿 회사에 전념하기 위해 Caltech 교수직을 사임함
1960	날씨 변형을 시도함
1977	가뭄을 예측함
1996	6월 20일 캘리포니아 주 패서디나에서 사망함

8장

벤저민 홀츠만
(Benjamin Grad Holzman, 1910~1975)
D-Day 예보에 관여하였고 비키니 원자폭탄 실험에 참여한 미국 기상학자

비키니 원자폭탄 실험에 참여한 사람

미국 기상학자인 벤저민 홀츠만은 미국 캘리포니아 주 로스앤젤레스에서 태어났다. 1931년 홀츠만은 캘리포니아 공과대학을 졸업한 후 그곳에서 지구화학을 가르치는 강사로 근무하면서 1933년 석사 학위를 받았다. 그리고 1937년부터 1938년까지 2년 동안 Caltech에서 기상학 강사로 있었다. 그는 1934년과 1935년 '이스턴 항공(Eastern Airlines)'에서 기상학자로서 근무하였고 1935년과 1936년에는 '아메리카 항공(American Airlines)'의 선임 기상학자로 일하였다. 그는 1936년부터 1937년까지 미국 농림부 토양보존청(Soil Conservation Service)의 기상학자로도 근무하였다.

캘리포니아 공과대학 시절

1930년대 홀츠만의 활동 기간 동안 그가 수행한 연구 분야는 증발, 난류 이론, 강수의 수분원, 물 순환, 날씨 예보에 상층 대기 전선 지식의 사용 등이었다. Caltech에서 활동하던 1930년 초반 기간 동안에 그는 베노 구텐베르크가 주관하던 지진 연구에서 광범위한 지진 야외 조사에 참여하였다. 1930년대 후반 그는 워런 손드웨이트(Charles Warren Thornthwaite, 1899~1963)[1)]와 함께 난류 이론을 증발산의 실제 문제에 응용하는 선도적인 연구[2)]를 시도하였다. 그 후 그는 Caltech의 시오도르 폰 카르만의 지도를 받아 증발에 대한 그의 연구를 확장하였다. 이러한 연구는 북미 강수의 수분원에 관한 논문집(monograph)과 함께 이 분야의 고전으로 남아 있다.

읽을거리 ··· 지진학의 대가 : 베노 구텐베르크

독일 태생의 미국 지진학자인 베노 구텐베르크(Beno Gutenberg, 1889~1960; 그림 8-1)는 1889년 6월 4일 독일 다름슈타트에서 태어났다. 그는 괴팅엔 대학교에서 학사·석사 학위를 받았고, 1911년 박사 학위도 괴팅엔 대학교에서 받았다. 학생 시절 그는 전공으로 지구물

1) 미국 기후학자로서 기후 구분으로 유명하다.

2) Thornthwaite, C. Warren and Benjamin Holzman, 1942 : Measurement of evaporation from land and water surfaces. U. S. Dept. of Agric., *Technical Bulletin No. 817,* 143 pp.

그림 8-1 독일 태생의 미국 지진학자로서 Caltech에서 기상학을 가르친 베노 구텐베르크.

리학을 선택하였고 졸업 후 지진학의 선구자인 에밀 비헤르트(Emil Wiechert, 1861~1928)에 의해서 신설된 지구물리 연구소에 들어갔다. 그의 박사 논문은 '맥동(microseism)'에 관한 것이었다. 2차 세계대전이 발발하기 전 해에 그는 서부 태평양의 허리케인과 태풍을 추적하는데 맥동을 사용하는 시도를 하였다.

박사 학위를 취득한 후, 구텐베르크는 그의 관심을 지구 내부로 돌려 비헤르트가 지구의 내부 구조를 연구하기 위해 수집한 지진관측 물질에 기초한 그의 초기 연구를 하였다. 그의 초기 연구 업적으로 유명한 것은 1913년에 완료된 연구로서 지구 핵의 반경을 최초로 정확하게 보정한 것이다.

1913년 그는 그 당시 국제지진협회(International Seismological Association) 본부가 있던 잘츠부르크 대학교로 옮겼다. 1차 세계대전 동안에는 독일 육군의 기상대에서 복무하였다. 그런 다음 프랑크푸르트암마인 대학교의 교수직을 얻게 되었다. 대학 교수의 봉급이 생활하기에도 충분하지 못했기 때문에, 공장 중역으로 고용되어 수입을 보충하였다. 이 기간 동안 그는 많은 중요한 연구 논문들을 발표하였고 지구물리학 분야에 대한 편람을 편집하였다. 이들 중에 가장 잘 알려진 것이 그가 편집한 ≪지구물리학 편람(*Handbuch der Geophysik*)≫이다.

1929년 구텐베르크는 지진 연구소(Seismological Laboratory)에 대한 미래 방향을 계획하는 컨퍼런스에 참가하기 위해 워싱턴에 소재한 카네기협회의 후원으로 미국 캘리포니아 주 패사디나를 방문하였다. 그는 1930년 지진 연구소에 합류하게 되었고 동시에 캘리포니아 공과대학의 지구물리학 교수가 되었다. 지진 연구소는 1936년 Caltech의 부속기관이 되었고 해리 우드(Harry Oscar Wood, 1879~1968)의 지휘를 받게 되었다. 1947년 와병으로 우드가 은퇴하게 되어 구텐베르크가 소장 직을 승계하였다. 그가 소장 직을 수행하는 동안 지진 연구소는 지구 내부와 지진 연구를 위한 선도적인 연구 센터로 발돋움하였다.

Caltech에서 보낸 시절 구텐베르크는 훌륭한 연구 성과물을 만들어내었다. 찰스 리히터(Charles Francis Richter, 1900~1985)[3]와 함께 그는 1931년부터 1939년까지 '지진파에 대해서(*On seismic waves*)'란 제목의 일련의 논문을 발표하였다. 이들 논문들은 여러 가지 지진 단계의 이동시간에 관한 기본 정보를 제공하였고, 지구의 맨틀과 핵의 속도 모델을 유도하기 위해 여러 연구자들이 사용하던 정보들을 제공하였다. 이 기간 동안 구텐베르크의 관측적인 능력으로 인하여 상층 맨틀에 저속도 대가 존재한다는 것을 유추해 내었다. 현재 이 저속도 대를 구텐베르크 불연속면이라 부르고 있다.

1941년 구텐베르크와 리히터는 ≪지구의 지진 활동 활발도(*Seismicity of the Earth*)≫를 출판하였다. 이 책에서 제시된 지진의 지리학적 패턴은 후에 판구조 이론을 개발한 지구 과학자들에게 기본적인 정보를 제공하였다. 구텐베르크와 리히터는 또한 공동으로 상이한 형태의 지진파를 사용하여 여러 가지 등급 규모를 개발하였다.[4] 그래서 관측자들은 진원이 얕거나 깊거나 상관없이 그리고 진앙 거리가 멀거나 가

---

3) 미국 지진학자로 리히터 지진 등급을 개발하였다.

4) 지진 등급과 에너지 사이의 식은 logE(S) = 11.8 + 1.5M(erg)이다.

깝거나 상관없이 지진의 등급을 매길 수 있었다. 구텐베르크는 지진과 지구 내부 구조에 관한 그의 견해를 종합하여 1959년 ≪지구 내부의 물리학(*Physics of the Earth's Interior*)≫을 발간하였다. 아울러 그는 두 권의 다른 중요한 책들을 발간하였고 약 300편의 과학 논문을 발표하였다.

그의 식지 않는 연구 활동과 지진 연구소를 운영하는 데 필요한 시간이 많았음에도 불구하고, 구텐베르크는 여전히 많은 전문적인 기관에 참석하는 시간을 가졌다. 보통 그는 주도적인 역할을 담당하였다. 그는 IUGG의 많은 위원회와 부회의 회장을 맡았고 미국 지진학회의 소장 위원회와 학회장을 역임하였으며 뉴질랜드 왕립학회의 외국인 회원이었다.

그는 국립과학원 위원으로 선출된 것을 포함하여 많은 과학적 영예를 안았다. 그는 1933년 미국지구물리연합에서 수여하는 '보위 메달', 1950년에는 로열 벨기에 아카데미가 수여하는 '라그랑주 상', 1955년 독일 지구물리 연구소에서 수여하는 '비헤르트 메달', 웁살라 대학교에서부터 명예박사 학위를 받았다.

구텐베르크는 1958년 Caltech을 은퇴했지만 계속해서 전문 기관 활동과 연구를 활발하게 하였다. 그러나 그는 1960년 초 악성 인플루엔자에 감염되어 그의 연구는 끝이 나게 되었다. 병세가 악화되어 폐렴으로 발전해 며칠 후인 1960년 1월 25일에 사망하였다.[5] ▮

2차 세계대전 참전

홀츠만은 1938년부터 1942년까지 워싱턴 D. C.에 소재한 미국 기

5) http://www.agu.org/inside/awards/gutenberg.html

상국의 자문 기상학자로 근무하였다. 그는 1942년 육군 항공대에 소집되어 근무하게 되었고 그 뒤 승진을 하여 1958년 미국 공군의 준장이 되었다. 그는 1944년부터 1945년까지 유럽 전략 공군 사령부 기상대 부대장으로 일했고 이러한 자격으로 그는 D-Day 뿐만 아니라 독일에 대한 맹렬한 폭격을 위한 예보관으로 활약하였다.

D-Day 예보관으로 있던 당시 홀츠만은 육군 항공대의 대령으로 잉글랜드에 주둔하고 있던 연합군 최고 사령부 6명의 기상학자 중의 한 사람이었다. 그는 1944년 6월 5일에 감행된 노르망디 상륙작전을 위한 날씨 예보를 담당하고 있었다. 이미 대규모의 상륙 부대들이 영국해협을 횡단하기 위해 대기하고 있었지만 수뇌부들은 최적의 날씨를 기다리고 있었다. 후에 홀츠만 장군은 신문 인터뷰에서 다음과 같이 술회하였다. '폭풍이 상륙작전 전날 영국 해협을 통과하여 야간에 동부 프랑스와 독일 상공 주변에 드리워져 있었다. 해상의 날씨는 거칠었기 때문에 상륙정에 타고 있던 병사들은 배 멀미로 인하여 초죽음이 되어 갔고 기상 통보관들이 그들 모두를 죽이는 것이 아닌가 생각하였다. 그러나 이러한 상황이 독일의 군사 비행장들을 폐쇄시키게 되어 하늘은 안전할 수 있었다.'

원자폭탄 실험

2차 세계대전이 끝난 후 그는 비밀 명령을 받아 참관자와 예보 고문의 자격으로 비밀스러운 첫 번째 원자폭탄 실험을 참관하기 위해서 뉴멕시코로 가게 되었다. 이 임무 뒤에 크로스로드 작전(Operations Crossroads)을 수행하기 위한 시니어 고층 기상학자로서 비키니 섬으로 전속되었다.

비키니 섬에서 임무를 완료한 후 홀츠만은 1948년 에니위톡에 주둔하고 있던 합동 기동부대에서 기상 참모로 복무하였고 1951년 원자폭탄 실험을 실시하였다. 그는 1952년부터 1955년까지 연구개발 사령부 공군 특수무기 센터에서 근무, 1955년부터 1957년까지는 공군본부 공군 무기 연구개발 사령부의 소장으로 근무하였다. 1957년부터 1959년까지 그는 공군본부 연구 개발 사령부의 사령관으로, 1960년부터 1964년까지 매사추세츠 주 베드포드 공군 케임브리지 연구소의 사령관으로 일했다. 그리고 1964년 퇴역하였다.

퇴역 후 홀츠만은 미국 항공우주국(National Aeronautics and Space Administration; NASA) 본부의 특별 자문역이 되었고 1967년 그는 상무부 산하 ESSA(Environment Science Services Administration)의 환경 자료소(Environmental Data Service)의 부소장이 되었다. 그는 1971년 공무원 직을 퇴직하였다.

학회 활동

홀츠만은 1936년부터 미국기상학회 정회원이 되었고 특별회원과 평의원으로 활약하였으며 한때는 콜롬비아 지회의 지회장을 맡기도 하였다. 그는 또한 미국지구물리연합의 회원과 임원으로 활동하였다. 항공과학 연구소의 특별 연구원으로 활동하여 그는

1947년 항공기상학의 분야에 기여한 공로로 '로버트 로지 상'을 수상하였다.

벤저민 홀츠만은 뇌졸중이 발병하여 1975년 5월 메릴랜드 주 어퍼 말보로(Upper Marboro)에서 플로리다 주 새틀라이트 비치(Satellite Beach)로 옮겨 요양 중 7월 29일 사망하였다. 그는 알링턴 국립묘지에 안장되었다.[6]

읽을거리 ... 요오드화은을 구름씨로 사용한 기상학자 : 버너드 보네거트

미국의 물리화학자·기상학자인 버너드 보네거트(Bernard Vonnegut, 1914~ 1997; 그림 8-2)는 1914년 8월 29일 미국 인디아나 주 인디애나폴리스에서 3남매의 맏이로 태어났다. 그의 아버지는 건축가였고 타고난 만물 수선쟁이였다. 그의 아버지의 뜻에 따라, MIT에 입학하여 1936년 화학으로 학사 학위를 받고 졸업하였다. 그는 비행기 날개에 착빙하는 조건에 대한 연구로 1939년 MIT에서 물리화학으로 박사 학위를 취득하였다. 1939년부터 1941년까지 그는 하트퍼드 엠파이어 회사(Hartford Empire Company)에 다녔고 1941년부터 1945년까지 MIT에서 연구원으로 근무하였다. 그는 이 기간 동안 가스 마스크에 사용되는 필터의 효율, 비행기의 착빙, 얼음의 부착, 과냉각 구름의 성질 등에 대해서 연구하였다.

1945년 보네거트는 뉴욕 주 스케넥터디에 소재한 제너럴 일렉트릭사의 연구소로 자리를 옮겼다. 여기에서 그는 빈센트 섀퍼와 함께 착빙에 관한 연구를 계속하였다. 드라이아이스가 구름 씨뿌리기에 적합

---

6) Jacobs, Woodrow C., 1975 : necrology. Benjamin Holzman(1910~1975). BAMS, 56(12), 1295~1296

그림 8-2 미국의 물리화학자·기상학자인 버너드 보네거트로서 요오드 화은을 구름씨로서 사용하였다.

하다는 것을 발견한 후, 보네거트는 그의 관심을 동일한 임무를 수행할 수 있는 다른 물질을 연구하는 곳으로 돌렸다. 요오드화은(silver iodidei AgI)의 결정이 크기와 모양이 적절하게 빙결 핵으로 적절할 것이라 결정한 후 그는 요오드화은을 가지고 실험하여 그것이 옳다는 것을 증명하였다. 요오드화은은 구름 씨로서 드라이아이스를 크게 대체 시켰다. 드라이아이스와 다르게 요오드화은은 실내 온도에서 무기한으로 저장될 수 있었으나 목표 구름 위로 나는 비행기에서 요오드화은을 방출할 수 없었다. 요오드화은은 지상에서 방출되어 상승 기류를 타고 구름 속으로 들어갈 수 있었다. 만약 드라이아이스가 이런 방법으로 방출된다면 구름에 도달하기 전에 승화되어 기체로 변하게 된다. 1950년대 초 보네거트는 뇌우 속의 전하 분리에 대해서 관심을 가지게 되었다.

보네거트는 1952년 매사추세츠 주 케임브리지에 소재한 아서 디 리틀 회사(Arthur D. Little, Inc.)로 옮겼다. 그는 이곳에서 뇌우 전기장 발생에 대한 대류 메커니즘을 개발하였다. 그의 대류 가설은 너무 이단적이었고 너무 상식을 벗어났기 때문에 2년 동안 논문 편찬이 거절

되었다. 그는 그의 아이디어를 접고 다른 분야의 연구를 하기로 마음을 먹었다. 그러나 그때 아서디 리틀 회사에서 근무하고 있던 찰스 무어(Charles Moore)를 만나게 되었다. 그들은 대류 메커니즘에 모든 방향을 집중하여 함께 연구하기 시작하였다. 이들 두 사람은 아주 다른 개성을 지니고 있었지만 그들은 서로를 보완하여 대단히 좋은 결과를 도출하였다.

1967년 그는 뉴욕 주립 대학교의 대기과학 연구 센터의 연구 교수로 임명되었다. 그는 여름에 무어와 함께 그들의 연구를 계속하였다. 그 당시 무어는 소코로에 소재한 뉴멕시코 광산기술 연구소(New Mexico Institute of Mining and Technology)에 근무하고 있었다. 그들은 수많은 실험실 실험과 야외 실험을 거쳐 1984년 보네거트의 대류 메커니즘은 완성되었다.

1985년 보네거트는 SUNY에서 공식적인 은퇴를 한 후에도 약 30여 편의 논문을 발표하였고 그는 1997년 4월 25일 뉴욕 주 알바니에서 사망하였다. ▮

| 연대기 |

1910	미국 캘리포니아 주 로스앤젤레스에서 태어남
1931	Caltech에서 학사 학위를 받음
1933	강의 조교로 근무하면서 석사 학위를 받음
1934~35	이스턴 항공사에서 기상학자로 근무함
1935~36	아메리카 항공사의 선임 기상학자로 근무
1936~37	농림부 토양보존청의 기상학자로 근무함
1938~42	미국 기상국 자문 기상학자로 근무
1942	육군 항공대에 소집되어 복무함
1944~45	유럽 전략 공군 사령부 기상대 부대장으로 근무함. D－Day 예보에 참여함
1945~48	비키니 섬 원자폭탄 실험에 참여함
1948~51	기상 참모로 근무함
1952~55	미 공군 연구개발 사령부 본부 공군 특수무기 센터에서 근무함
1955~57	미 공군 연구 및 개발 사령부 본부 공군 무기 센터의 소장으로 근무함
1957~59	미 공군 연구개발 사령부 본부 사령관으로 근무함
1958	미국 공군 준장으로 승진함
1960~64	공군 케임브리지 연구소의 사령관으로 근무함
1964	퇴역함
1964~67	NASA 본부의 특별 자문역으로 근무함
1967	상무부 산하 ESSA의 환경자료센터의 부소장을 역임
1971	공무원을 퇴직함
1975	7월 29일 사망하여 알링턴 국립묘지에 안장됨

9장

도널드 예이츠

(Donald Norton Yates, 1909~1993)

미국 육사 출신으로 D-Day 예보에 참여한 기상학자

육군 사관학교 출신의 기상학자로서 D-Day 예보에 참여한 사람

미국 기상학자인 도널드 노튼 예이츠는 1909년 11월 25일 미국 메인 주 뱅거에서 태어났다.[1] 1927년 뱅거 고등학교를 졸업하고, 웨스트 포인터 육군사관학교에 입학하여 1931년 임관하였다. 사관학교 시절 스포츠에 열광한 그는 축구와 체조 팀에 들어갔다. 그는 4학년 때 체조 팀 주장을 맡았고 또한 1928년 무적 축구 팀의 일원이었다.[2] 졸업 후 그는 기병대 소위로 임관하였다. 예이

1) http://www.arlingtoncemetery.net/dnyates.htm

2) Gross, P. and Col. R. Bundgaard, 1994 : necrologies. Donald N. Yates(1910~1993). BAMS, 1994, 75(6), 1046~1047.

츠 소위의 첫 번째 임무는 텍사스 주 켈리 필드에 소재한 항공대 비행학교의 학생 장교로 입교한 것이었다. 그는 그 다음 해 비행사 기장을 수여 받았는데 이는 현재로 말하면 부조종사(command pilot)에 해당되는 등급이다. 1932년 그는 23 폭격기편대가 있는 하와이 주 루크 필드로 전속되었으며 1933년 1월 25일 기병대에서 육군 항공대로 옮겼다.

기상학자로의 꿈

1935년 중위로 진급한 예이츠는 텍사스 주 브룩스 필즈로 배속되어 1938년 6월까지 여러 가지 임무를 수행하였다. 그런 다음 그는 MIT와 Caltech의 항공공학 프로그램에 응모하였다. 양 대학의 강의 목록을 살펴본 그는 캘리포니아 공과대학의 기상학과를 선택하여 대학원에 입학하였다. 그는 어빙 크릿의 지도를 받아 1년 후 기상학으로 이학석사 학위를 받았다. 그런 다음 그는 루이지애나 주 바크스데일 필드에 소재한 제3 기상전대의 기상장교로 배속되었다. 1931년 3월 예이츠는 대위로 진급하여 바크스데일에 소재한 제6 비행기지 비행대대의 운영 장교로 보직되었고, 잇달아 비행 대대장과 부대 작전 장교가 되었다. 그는 작전처 기상과의 부과장이 되었고 1941년 12월 항공대의 대장이 되었다. 1942년 1월 그는 중령으로 진급하였고 3월에 육군 항공대 본부의 기상담당 부대장으로 임명되었다.

읽을거리… 미국 기상국의 아버지 : 클리블랜드 애비

미국 기상학자인 클리블랜드 애비(Cleveland Abbe, 1838~1916)는 매일 날씨 통보와 예보를 실시한 최초의 사람으로 '미국 기상국의 아버지(Father of the Weather Bureau)'라 불린다. 그는 또한 미국을 가로지르는 표준 시간대의 설치에 영향력을 발휘하였다.[3)]

클리블랜드 애비(그림 9-1)는 1838년 12월 3일 뉴욕시에서 상인인 조지 발도 애비(George Waldo Abbe)와 샬로트 콜게이트(Charlotte Colgate) 사이에서 7남매의 맏이로 출생하였다. 뉴욕에서 고등학교까지 교육을 받았다. 미시건 대학교에서 천문학을 전공하였고 매사추세츠 주 케임브리지 대학교의 벤저민 굴드(Benjamin Apthorp Gould, 1824~1896)에게 사사받았다. 그는 프리 아카데미(Free Academy)[4)]에서 1857년 학사 학위를 받고 졸업하여 1860년에 석사 학위를 받았다.

그는 1857년부터 1858년까지 뉴욕 트리니티 그래마 스쿨에서 교편을 잡았다. 그 뒤 1859년부터 1860년까지 미시건 주립 농업대학과 미시건 대학교에서 학생들을 가르치기 위해서 이사하였다. 미시건 주 앤아버(Ann Arbor)에 있는 동안, 그는 독일 천문학자인 프란츠 브룬노(Franz Brunnow, 1821~1891)와 함께 천문학을 공부하였다 근시로 육군 입대가 거절되어, 애비는 남북 전쟁(Civil War)동안 매사추세츠 주 케임브리지에 소재한 미국 해안 경비대의 벤저민 굴드 밑에서 전신 경도(telegraphic longitude)를 계산하면서 보냈다. 1865년 애비는 대서양을 횡단하여 천문학을 더 공부하기 위해 러시아로 향하였다. 그는 2년 동안 러시아 풀코바에 소재한 니콜라스 중앙 천문대(Nicholas Central

---

3) Allaby, Michael, 2002 : Encyclopedia of weather and climate. Vol. 1, 1~2. Facts On File, Inc.

4) 현재는 the College of the City of New York이다.

그림 9-1 미국 기상학자인 클리블랜드 애비. 미국에서 정규적으로 날씨 통보와 예보를 행한 최초의 사람으로 때로는 미국 '기상국의 아버지'로 불려진다. 또한 애비는 미국을 횡단하는 표준 시간대의 설정에 영향을 미쳤다.

Observatory at Pulkovo)[5]에서 학생과 조수로서 유명한 러시아 태생의 미국 천문학자인 오토 스트루브(Otto Struve, 1897~1963) 밑에서 보냈었다. 그곳에서 그의 연구는 자오면 측정을 향상 시키고자 하는 천문학자는 반드시 철저하게 국지 대기 조건을 조사해야만 하고 최종적으로는 수많은 주변 기상 관측이 있어야 한다는 그의 결론을 정당화 시키는 것처럼 보였다.[6]

미국으로 귀국한 해인 1867년 그는 잠깐 미국 해군 천문대에 잠시 관여한 다음 곧 바로 신시내티 천문대의 대장이 되었다. 신시내티 천문대장이 된 후 그는 기상학 연구로 전향하여 기상학 역사에 획기적인 사건을 구축하였다. 1868년 신시내티 시당국과 웨스트런 유니언

5) 1839년에 프리드리히 게오르크 빌헬름 폰 스트루베(Friedrich Georg Wilhelm von Struve)에 의해 상트페테르부르크 남쪽 18km 떨어진 풀코보에 설립된 천문대로써 러시아에서 가장 오래된 천체관측소이다. 설립자 스트루베는 초대 대장에 취임하여 1962년까지 재직하였다.

6) http://www.islandnet.com/~see/weather/history/cabbe.htm

전신 회사의 협조에 따라, 애비는 매일 일기도를 작성하고 배포하기 위해서 정규적인 날씨 관측 자료를 수집, 통보하는 전보 시스템을 조직화하였다. 그리고 오하이오 계곡의 상업적이고 농업적인 관심에 부응하는 날씨 예보를 시도하였다.

1869년 5월 7일, 애비는 신시내티 상공회의소(Cincinnati Chamber of Commerce)의 일간지에 '날씨 알림판(weather bulletin)'을 발간하게 되면 하루 또는 이틀 앞서 신시내티와 주변 지역에 대한 날씨와 강의 상태를 알 수 있을 것이라고 제안하였다. 그 해 늦은 여름 애비는 오대호에 신시내티 시스템을 확장하는 데 참여하기 위해서 시카고 상무부로부터 공식적으로 초청을 받았지만 이 초청은 정중히 사절되었다.

조지프 헨리와 마찬가지로, 애비는 폭풍에 관한 전문을 받았고, 그는 이 전문들을 사용하여 폭풍의 위치와 통과 시각 등을 기입하였다. 이러한 자료들을 편집하여 그는 신시내티 천문대에서 매일 통보하는 '날씨 알림판'을 작성하는 정보로 활용하였다. 1869년 9월 1일 '날씨 알림판'이 최초로 발표되었다. 1869년 9월 22일 클리블랜드 애비는 최초의 공식적이고 대중적인 날씨 예보를 통보하였다.

이것이 성공하자 미국 정부는 즉각적으로 관심을 보이기 시작하였다. 1870년 2월 2일 공화당 상원의원인 핼버트 페인(Halbert E. Paine, 1826~1905)은 국방장관인 윌리엄 벨크냅(William Worth Belknap, 1829~1890)에게 국립 기상대를 결성할 수 있는 상하원 연대 결의안(Joint Congressional Resolution)을 제출하였다. 율리시스 그랜트(Ulysses Simpson Grant, 1822~1885)[7] 대통령은 1870년 2월 9일 이 결의안에 서명하였고 기상국은 1870년 11월에 운영되기 시작하였다. 기상국은 육군 통신대 상업의 이익을 위한 전신과 통보부(Division of Telegrams and Reports for the Benefit of Commerce)의 일부분으로 결성되었고, 육군 장성인 앨

7) 미합중국 18대 대통령이다.

버트 마이어(General Albert J. Myer, 1829~1880)가 책임자가 되었다. 애비는 민간 과학 보좌역으로 지명되어 1871년 워싱턴 육군 신호대로 자리를 옮겼다. 그 당시 그의 월급은 ＄3,000이었으나 그 다음 해는 ＄4,500로 증가하였다. 그는 1871년 2월 19일부터 확률에 근거를 둔 3일 날씨 예보를 발행하기 시작하였다(그림 9-2). 최초의 오대호 지역에 대한 폭풍 주의보가 1871년 11월 8일에 발령되었다.

미국 연방 신호 단장인 메이어 장군의 주창으로, 1873년 빈에서 개최된 국제 기상 총회에서 '국제 기상관측 동시 알림판(Daily Bulletin of Simultaneous International Meteorological Observations)'을 결성하였다. 애비는 이 단체의 결성에 국제적인 협력을 강구하는 데 주도적인 역할을 담당하였다. 이와 더불어 그는 현재 미국 기후대(American climatological services)의 전신인 주 기상대(State Weather Services)의 결성에 힘을 쏟았다.

표준화된 시간대에 대한 그의 주장은 1879년에 쓴 보고서에 드디어 사용되었다. 그 당시 각 지역 사회에서는 그 자신의 지방시를 사용하였기 때문에 여행자들은 동에서 서로 이동할 때마다 계속적으로 시계를 조정해야만 하였다. 열차 회사들은 열차 시간표를 알려주기 위해서 그들 나름대로의 표준시를 고안하게 되었고 이들은 애비의 제안에 기초를 두고 있었다. 정부도 1883년 애비의 제안을 받아들여 미국 내를 4개의 시간대로 구분하였다. 각 시간대에는 동일한 시간을 사용하였는데 그 값은 평균값에 기초를 두었다. 이 시스템은 후에 전 세계로 확장되었다. 1891년 기상국은 연방 기상국(United States Weather Bureau)으로 개명되었고 업무는 육군 통신대에서 농림부로 이관되었다. 그 후 1940년에는 상무부로 이관되었다. 애비는 기상학자로서 임무를 수행하였고 이 자리를 여생동안 유지하였다. 그는 기상국의 기관지인 <기상월보(*Monthly Weather Review*)>의 주필로 활약하였다. 또한 독일 어와 프랑스 어로 만들어진 중요한 논문을 영문으로 번역 출판함으로써 기상학 발전에 공헌하였다. 이와 동시에 그는 존스 홉킨스

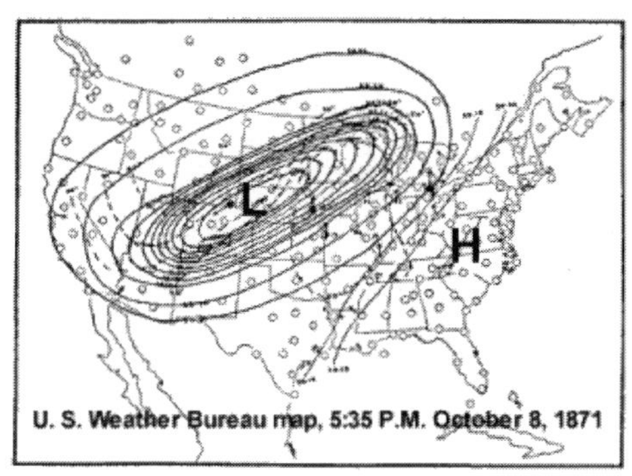

그림 9-2 1871년 10월 8일 발표된 연방 기상국의 일기도.

대학교에서 기상학에 관한 연구와 강의도 했다.

애비의 과학적인 업적은 영국 왕립기상학회를 포함한 여러 학회에서 인정되었다. 1912년 영국 왕립기상학회는 애비에게 '시먼스 기념 금메달'을 수여하였다.

애비는 1870년에 프랜시스 마서 닐(Frances Martha Neal)과 결혼하여 3명의 아들을 두었다. 1908년 프랜시스가 죽자 그는 1909년 마거릿 아우구스타 퍼시벌(Margaret Augusta Percival)과 재혼하였다.

클리블랜드 애비는 1916년 10월 28일 아침 78세의 나이로 메릴랜드 주 체비 체이스에 있는 자택에서 사망하였다. 소설가 마크 투웨인(Mark Twain, 1835~1910)은 그를 가리켜 'Old Probabilities'라 칭하였다. ▮

2차 세계대전

1942년 5월부터 12월까지 예이츠 중령은 기상 문제를 조정하는 군사 사절단의 일원으로 소련을 방문하였다. 그는 이 임무에 대한 그의 역할로 인하여 수훈훈장(Distinguishes Service Medal; DSM)

을 받았고, 워싱턴 D.C.로부터 시베리아 야쿠츠크까지 비행을 포함한 시베리아, 남미, 아프리카, 중동, 러시아까지의 횡단 작전 비행의 수행으로 인한 항공훈장(Air Medal)을 받았다.

1944년 2월 예이츠 대령은 미국 유럽 전략 공군 사령부 소속의 기상대 대장으로 명을 받았고 아울러 드와이트 아이젠하워 장군의 참모로서 근무하였다. 노르망디 상륙 작전을 위한 D-Day로서 6월 6일을 선택하는데 참여한 것에 대한 공로로 3개국 정부로부터 훈장을 수여 받았다.

1944년 1월 미국 유럽 전략 공군 사령부(USSTAF)가 잉글랜드와 이탈리아에 기지를 둔 중폭격기의 작전을 계획하고 지휘하기 위해서 카를 스파츠(Carl Andrew Spaatz, 1891~1974) 중장에 의해서 설립되었다. 미 육군 훈공장(Legion of Merit)에 뒤따른 표창장에는 다음과 같이 쓰여 있다. '예이츠 대령은 판단이 올바르고, 지휘 능력이 숙련되어 명확하고, 예보 방법의 차이를 조정하는 능력이 탁월하여 양국의 인재들과 설비 모두를 통합하여 발전을 도모하였다.'

장군으로 진급

1945년 1월 미국으로 돌아온 직후, 예이츠 대령은 기상부대의 부대장이 되었고 후에 이 부대는 웨더 윙(Weather Wing)과 합쳐져 공군기상대가 되었다. 그는 1950년까지 메릴랜드 주 앤드루스 공군 기지에서 근무하였다. 이 기간 동안 그는 1947년 2월 5일 준장으로 진급하였고, 1947년 9월 미 공군으로 전보되었다. 1947년

3월 17일 그는 최초로 북극 상공을 날씨정찰임무를 띈 비행을 하였다.

1950년 7월 예이츠 준장은 미 공군 사령부 개발 참모부의 부참모장으로 임명되었고, 그 다음 해 4월 그는 연구 개발처의 처장이 되었다. 그 후 1952년 2월 2일 소장으로 진급하였다.

예이츠 소장은 1954년 6월 31일부터 1960년 5월 4일까지 플로리다 주 패트릭공군기지에 소재한 미 공군 미사일 시험 센터의 사령관으로 복무하였다. 이 임무를 통해 그는 1958년 5월 22일 해군 참모총장인 토머스 게이츠 주니어(Thomas Sovereign Gates Jr., 1906~1983) 제독으로부터 해군 공로훈장을 수여 받았다. 수상 이유는 해군의 뱅가드 프로젝트와 해군 탄도 미사일 프로그램 폴라리스를 위해 협력한 공로였다. 또한 1960년 8월 24일 육군 참모총장인 윌버 브럭커(Wilber Marion Brucker, 1894~1968) 장군은 그에게 육군 공로훈장을 수여하였다. 그의 공로는 미사일 개발뿐만 아니라 우주 탐사 프로그램을 성공적으로 수행한 것이었다. 1960년 5월 4일 예이츠 소장은 중장으로 진급하여 워싱턴 D.C. 국무부 방어 연구 및 공학 연구소의 부소장으로 임명되었다. 그리고 그는 1961년 3월 3일 전역하였다.

예이츠는 미국기상학회의 정회원이었고 학회장을 역임하기도 하였다. 또한 그는 항공과학연구소의 회원이었고 미국 로켓학회의 펠로가 되었다. 도널드 예이츠는 1993년 8월 28일 플로리다 주 롱우드에서 사망하였다. 그의 유해는 알링턴 국립묘지에 안장되었다(그림 9-3).

그림 9-3 알링턴 국립묘지에 안장된 도널드 예이츠의 비석.

읽을거리... 영국 기상대의 아버지 : 윌리엄 네이피어 쇼

잉글랜드 기상학자로서 '현대 기상학의 아버지'로 불리는 윌리엄 네이피어 쇼(Sir William Napier Shaw, 1854~1945; 그림 9-4)는 1854년 3월 4일 비국교도 집안 8명의 자녀 중 6번째로 잉글랜드 워릭셔 주 버밍엄[8]에서 태어났다. 그의 아버지인 찰스 쇼(Charles Shaw)는 부유한 사람으로 금세공 제조 공업과 보석 가게를 운영하였고 그의 어머니인 케지아(Kezia)도 보석 무역업 집안 출신이었다.

작은 사립학교에서 초등 교육을 마친 후, 네이피어는 버밍엄에 있는 에드워드 6세 왕궁 학교에 입학하였다. 그곳에서 그의 능력을 인정받아 1870년 옥스퍼드 대학교 우스터 칼리지로부터 장학금 제의를

8) Birmingham : 잉글랜드 중부의 공업 도시.

그림 9-4 잉글랜드 버밍엄 출신의 기상학자인 윌리엄 네이피어 쇼는 36대 (1918~1919) 영국 왕립기상학회장을 역임하였다.

받았다. 그러나 그의 부모는 대학 생활이 바람직하다는 확신을 가지지 못해 그 제의를 거절하였다. 그러나 2년 후 그의 교장은 부모를 설득하여 케임브리지 대학교의 임마누엘 칼리지(그림 9-5)에 장학금을 신청하도록 하였다. 네이피어는 장학금을 받게 되어 임마누엘 칼리지의 수학과에 입학하였고, 인도국(Indian Civil Service)에 자리를 얻기 위해 준비하였다. 그러나 튜터는 그를 설득하여 네이피어 쇼가 그 후 23년간(1877~1900) 케임브리지 대학교 캐번디시 연구소에 머물도록 하였다.

그는 1876년 수학 학위 시험에서 16번째 일급 합격자로 졸업하였다. 1년 후 자연 과학 우등졸업시험에서 일등을 차지하였고 1877년 임마누엘 칼리지에서 특별 연구원으로 선출되어 튜터로 지명되었다.

그리고 네이피어 쇼는 새로 문을 연 캐번디시 연구소에서 제임스 맥스웰(James Clerk Maxwell, 1831~1879)[9] 밑에서 연구를 시작하였다.

---

9) 스코틀랜드 에든버러 출생의 물리학자로 전자기학으로 유명하다.

그림 9-5 내이피어 쇼 경이 다녔던 케임브리지 대학교의 임마누엘 칼리지(1584년 설립)의 정문 전경.

1878년 네이피어 쇼는 프라이부르크[10)]에 있는 에밀 바르부르크 연구소에서 긴 휴가를 보냈다. 다음 해에 처음 6개월은 베를린에 있는 헤르만 폰 헬름홀츠(Herman von Helmholtz, 1821~1894)[11)] 지도하에 선진 학생으로 수학하였고 이와 동시에 하인리히 헤르츠와도 함께 연구하였다. 그러나 폰 헬름홀츠와 헤르츠의 연구 내용은 가깝게 연계되어 있지는 않았다. 1879년 맥스웰의 사망으로 연구소장이 된 레일리 경(Lord Rayleigh, 1842~1919)[12)]은 신임 캐번디시 연구소의 교수로 리

---

10) Freiburg : 독일 남서부 바덴뷔르템베르크 주에 있는 도시로써 면적 153.06 ㎢이고 인구 20만 2500명(2001년 현재)이다. 라인 강이 가까이 흐르며 슈바르츠발트의 서쪽 기슭에 해당한다.

11) 독일의 생리학자 · 물리학자이다.

12) 잉글랜드의 물리학자로서 본명은 John William Strutt이다. 1879년 맥스웰의 후임으로 캐번디시 연구소장, 실험물리학 교수가 되었으나, 5년 후 고향으로 돌아가 실험 · 연구에 몰두했다. 1894년 램지와 함께 아르곤을 발견, 그 공로로 1904년 노벨 물리학상을 받았다.

처드 글레이즈브룩(Richard Tetley Glazebrook, 1854~1935)[13]과 함께 합동 시범 교수자로서 네이피어 쇼를 지명하였다. 1887년 그는 또한 실험 물리학 강사가 되었고 1898년 캐번디시 연구소의 부소장이 되었다.

네이피어 쇼는 칼리지 생활과 대학교 생활에서 활동적이었고 변화를 추구하여 칼리지도 장학금을 취득하기 위한 합동 입학시험을 실시하는 데 동의하였다. 그는 또한 케임브리지 대학교 임명 위원회(Cambridge Appointment Board)를 창설하는 데 두드러진 역할을 하였다. 그는 1885년 뉴넘 칼리지의 수학과 강사이고 칼라 사진의 선구자인 사라 제인 덕데일 할랜드(Sarah Jane Dugdale Harland)와 결혼하였다. 6년 후 그는 전기분해에 관한 연구를 인정받아 영국학술원 펠로로 선출되었다. 케임브리지에서 적합하고 두드러진 학문 경력은 맨 선두를 달렸지만 다른 일에는 중간 정도였다.

영국 기상대는 1877년 재결성 되었고 새로운 자문 위원회가 외부 에이전시에 의해서 수행되는 연구 프로그램을 만들어 실시하였다. 선택된 주제 가운데 여러 상이한 상황 하에서 공기의 습윤 양을 화학적인 방법을 통하여 결정하는 것도 있었고 이들을 일반 습도계의 기록과 비교하는 것도 있었다. 맥스웰의 제안으로 조지 가브리엘 스토크스(George Gabriel Stokes, 1819~1903)[14]에 의해서 연구 계획서가 작성되었고 연구는 쇼가 하였다. 그의 최종 보고서는 영국학술원 <철학회보>에 게재되었다[15].

이 연구로 인하여 쇼는 기상 위원회에 알려지는 계기가 되었고 또한 영국 내 기상학의 수준을 살펴볼 수 있는 기회가 되었다. 그는 아마도 상당히 큰 충격을 받았을 것이다. 과학은 매우 쇠퇴하였고 위원

---

13) 잉글랜드의 물리학자. 항공학 분야에 많은 업적을 남겼다.

14) 아일랜드 태생의 수학자 · 물리학자.

15) Royal Society, 1888 : Report on hygrometric methods: First part, including the saturation method and the chemical method, and dew-point instruments. *Phil. Trans. R. Soc., A.*, 179, 73~149

회에 재능 있는 기라성 같은 사람들이 모여 있었지만 기상대 자체는 기본적으로 서기 기관이었고 거의 과학을 다루지 않는 곳이었다. 외부 사람들이 기상대의 가장 중요한 임무라 생각하고 있는 예보 업무에 관해서도 위원회 자체 위원들마저도 관심이 없는 것으로 판명되었다.

1897년 래드클리프 기상대의 관측자이고 기상위원회의 위원인 에드워드 제임스 스톤(Edword James Stone)이 사망하자, 쇼는 그 빈 자리를 메우기 위해 초청받았다. 쇼는 그 자리를 받아 들였고 곧 그의 존재는 대기 전기학과 응결에 관한 연구 프로그램에 미래 노벨상 수상자인 찰스 윌슨(Charles Thomson Rees Wilson, 1869~1959)을 양성시켰다. 정규적으로 기본 업무를 하는 예보관이 사용할 수 있도록 아조레스로부터 매우 귀중한 관측 자료를 수신하기 위한 조처를 도와주는 것에서 확인되었다.

3년 후 기상 위원회의 서기이며 기상대 운영위원장인 로버트 스콧(Robert Henry Scott, 1833~1916)이 은퇴하였고 쇼는 다른 위원회의 위원을 제치고 그 자리를 넘겨받게 되었다. 그는 약간 망설이다가 제의를 받아들였고, 45세의 나이로 케임브리지를 떠나 새로운 경력을 쌓기 시작하였다.

지휘권을 넘겨받는 과정에서 위원회의 시니어 회원인 프랜시스 골튼(Sir Francis Galton, 1822~1911)[16)]은 '쇼 당신이 어떤 것을 만들어 낼 수 있다고 생각하는가?'라는 질문을 던져 쇼를 당황스럽게 만들었다. 20년 후 쇼는 아직도 답을 찾기 위해 노력하고 있다고 말하였다. 그러나 그는 곧 기상대에 직원을 모집하여 과학적인 훈련을 위한 프로그램 도입을 시도하였고 루돌프 렘퍼트(Rudolf Lempfert, 1875~1957), 어니스트 골드, 프랜시스 휘플(Francis Whipple, 1876~1943), 콜리스(Corless) 등이 몇 해 동안 이것을 성립시킬 시킬 수 있도록 서로 도왔다. 또한

16) 잉글랜드 출신의 탐험가 · 고고학자.

쇼는 캐번디시로부터 맥스웰의 발명품 하나를 빌려왔고 과학 논문 작성을 위한 월요일 저녁 토론을 시작하였다.

연과 풍선에 측기를 매달아 관측하는 상층 관측에 관한 국제 프로그램이 독일의 기상학자인 휴고 폰 헤르게셀의 주도 하에 1896년 시작되었지만 영국은 이를 무시하였다. 쇼는 새로 그 프로그램에 참여하여 윌리엄 다인스와 찰스 케이브와 같은 자원 봉사자들을 이 작업에 참석하도록 도와주었다. 이것은 기상대로서는 최소한의 비용으로 수행된 것이다.

기상대 자체는 1905년에 대대적인 개편을 단행하였다. 평의원회가 폐지되고 전반적인 지휘는 쇼와 함께 내부 운영 위원회(inter-departmental committee)에서 맡게 되었으며 'Director'를 'Chairman'으로 임명하였다. 그러나 기상대는 공무원 신분을 가지지 못하여 국회 예산은 변동되지 않았다. 쇼는 사우드켄싱턴에 새로운 자리를 제의 받았다. 여기서 그는 도서관 시설에 대한 그의 주장이 받아들여져 1910년 10월 그는 그곳으로 기상대 자리를 옮겼다.

네이피어 쇼는 여러 가지 연구를 시작하였는데 특히 렘퍼트와 함께 공기 궤적에 관한 문제를 다루었다[17]. 또한 그는 예보에 사용되던 기법들을 교과서에서도 함께 취급하였다[18]. 그는 날씨와 빈번하게 연관되는 지상 저기압 주변의 기류 내에서 불연속이 존재한다는 것을 알고 이러한 변화를 설명하기 위해 저기압 모델을 제안하였다. 그러나 상층 공기에 대한 그의 연구는 지상 기압 패턴은 9 km 고도에서 일어나는 것만 영향을 받는다고 믿었기 때문에 별 진전이 없어 노르웨이의 기상학자인 빌헬름 비야크네스가 8년 후 한대 전선 이론을 제안할 수 있도록 하였다. 또한 쇼는 농업에 기후가 중요하다고 인식하

17) Shaw, W. N. and R. G. K. Lempfert, 1906 : *The life history of surface air-currents: a study of the trajectories of moving air.* Meteorological Office, M. O. 174, London

18) Shaw, W. N., 1911 : *Forecasting weather.* Constable, London

였고, 곡물 경작에 온도와 강우량이 지배한다는 선구적인 연구를 하였다. 초기 다른 업적들 중에서 지균 원리에 대한 실제 응용과 '활강바람(katabatic wind)'에 대한 개념의 명명이 있었다. '테피그램(tephigram)'은 그 후에 출현했다.

무선 통신의 도래와 같이 기술적인 발전과 비행기의 출현 또한 기상학에 추진력을 가하는 데 도움을 주었다. 쇼와 글레이즈브룩의 노력으로 1909년 항공 자문 위원회(Advisory Committee on Aeronautics)가 결성되었다. 네이피어 쇼는 판버러[19]에 있던 왕립 항공기 설립 연구소(Royal Aircraft Establishment; RAE)에서 논문과 연구를 지도하였다.

정보 전파의 중요성과 국제 협력에 대한 요구는 빠르게 쇼에게 다가왔다. 그는 국제기상기구의 일에 하게 되었고 여기서 그는 그의 타고난 재능과 외교술을 발휘하였다. 그는 1907년 총재(President)로 선임되었고 'Reseau Modial'로 알려진 전 세계 관측 망 구축에 노력을 다하였다. 그는 또한 범용 단위의 주제에 대해서도 많은 도움을 주어 쇼와 빌헬름 비야크네스는 기압의 단위로 mb가 채택되도록 하였다.

쇼의 관심 분야는 매우 광범위하였고 일의 일부는 그의 공식적인 의무를 뛰어넘는 것이었다. 그는 영국학술협회의 강력한 후원자였고 1908년에는 A분과(Section A)의 분과 회장 그리고 1919년에는 L분과(Section L)의 분과 회장으로 봉사하였다. 그의 관심은 건물의 환기에까지 확장되었고 하원, 증권 거래소, 대도시 빈민구조법 학교에 사용된 환기 시스템 고문에 응했다. 더불어 대기 오염에 대한 관심은 대기오염 위원회의 일을 적극적으로 참여한 것을 보면 알 수 있다.

네이피어 쇼의 기지와 새로 만들어진 국립물리 연구소(National Physical Laboratory)의 소장으로 지명된 글레이즈 브룩과의 우정은 큐 관측소와 에스크다레뮤어 관측소(Eskdalemuir Observatory)를 운영하는 이론의 문제

19) Farnborough : 잉글랜드 햄프셔 주에 있는 도시. 런던 남서쪽 약 53 km 지점에 위치한다. 항공기 공장, 기타 군사시설이 있고 해마다 항공 전시회가 열린다.

점을 완화시켰다. 그들은 영국 기상대에 권한을 위임하여 발렌시아에 관측소를 개설하고 삼각 관측 망이 이루어지도록 하였다. 또 다른 문제점은 스코틀랜드 기상학회와 왕립기상학회에서 수집되는 관측 자료에 관여되는 것으로 쇼에 의해서 또한 확립되었다.

그러나 합리적인 세계는 1914년 8월에 사라졌고, 다음 몇 해 동안 기상대의 활동은 전쟁에 대처하도록 확장되었다. 어니스트 골드 휘하의 기상 야전 부대는 프랑스에 파병되었고 기상대의 군사적인 노력은 헨리 라이언즈(Henry George Lyons, 1864~1944)와 협력하게 되었다. 그는 군의 배경을 가진 영국 학술원 펠로로 1913년 기상 위원회에 합류하였다. 꾸준히 늘어나는 행정부의 영향력은 쇼를 어지럽혔다. 그래서 그는 과학적인 의문과 기술적인 의문에 대해서 더 많은 시간을 할애할 필요성을 절감하여 필요한 교범을 더 많이 만들게 되었다. 드디어 라이언즈는 전쟁 와중에 실무 소장이 되었고 반면 쇼는 정부의 과학 자문역과 기상 위원회의 총재를 맡기로 했다. 그들은 이 자리를 1918년 5월부터 1919년 4월까지 맡게 되었다. 그 후 네이피어 쇼는 소장의 역할을 다시 찾았고 라이언즈는 그곳을 떠나 곧 과학박물관의 소장으로 가게 되었다.

전쟁이 종식됨에 따라 영국 기상대의 현안은 크게 나타나기 시작하였다. 쇼는 5000개의 자원 관측자들로 구성되어 있는 영국 우량 기구(British Rainfall Organization)의 책임자인 휴 밀(Hugh Robert Mill, 1861~1950) 박사를 은퇴시키고 이 기구를 영국 기상대와 합병하는 문제를 협의하였다. 항공 분야에서 기상학의 중요성은 새로이 확고하게 인식되었고 항공성(Air Ministry)은 기상대를 그들 산하에 둔다고 발표했다. 쇼는 기상대가 독립 기구로 남아 있어야 한다고 분명하게 밝혔지만 중립적인 고문들은 과학 산업 연구부(Department of Scientific and Industrial Research) 산하에 기상대를 두도록 하였다. 쇼는 이 안을 받아들였지만 이 문제는 항공과 전쟁(Air and War) 장관인 윈스턴 처칠(Winston Churchill,

1874~1965)로부터 강력하게 요구된 비망록에 의해서 결정되었다. 그 내용은 기상대가 공군부(Air Force Department)의 관리를 받아야 한다는 강경한 주장을 담고 있었다. 네이피어 쇼는 부득이하게 이것을 받아들였지만, 기상대에 가장 유리한 시기를 얻기 위해서 그의 최종 은퇴를 1920년 4월 1일까지 연기하였다. 그는 1920년 9월에 대장 직을 은퇴하였다.

그러나 그의 경력은 끝이 없었다. 네이피어 쇼는 항상 영국의 대학교들이 기상학에 관심을 가질 수 있도록 하지 못한 것을 안타깝게 생각하고 있었다. 사실 그는 1907년 이래로 런던 대학교에서 대학 강사를 하고 그의 급료를 연구 기금으로 기부하였다. 그는 영국 최고의 대학교에 기상학과를 개설하였다. 이 학과는 실제로 런던 임페리얼 칼리지에 글레이즈 브룩에 의해서 설립된 항공학과의 부속 학과였다. 이 과에서 시간제로 일하는 도중에 그는 교수로 취임하였다. 이것은 대영제국에서 기상학으로 최초의 교수 발령이었다. 그는 그의 역할을 1924년까지 수행한 다음 길버트 워커에게 물려주었다.

대학교에 근무한 이 기간은 ≪기상학 교범(*Manual of meteorology*)≫[20]을 완성하기 위해 야심 차게 작업을 착수한 시기였다. 이 책은 1926~1931년에 걸쳐 4권으로 출판되었고 1919년 처음 출판된 것을 완전히 새로 쓴 것이었다. 이 작업은 그의 부인의 칼리지 졸업생인 엘레인 오스틴(Elaine Austin) 양의 도움으로 이루어졌다. 그녀는 기상대 직원이었지만 쇼의 작업을 도왔다. 그는 이러한 초중량급의 출판에 뒤따라 1933년 대중적인 교과서인 ≪날씨의 드라마(*The drama of weather*)≫[21]를 출판하였다. 그 당시 그의 나이는 79세였고 6년 후에 2판이 나왔다.

그는 공식적인 은퇴 후에도 그의 국제적인 연구는 오랫동안 계속되

---

20) Shaw, Sir Napier, 1926~31 : Manual of meteorology, I 1926, II 1928, III 1930, IV 1931. Cambridge University Press

21) Shaw, Sir Napier,, 1933 : *The drama of weather*. Cambridge University Press

었다. 그는 1923년까지 국제 기상 기구의 회장으로 재임하면서 1919년 전후 파리 회담에서 통과된 국제 기상 기구의 조직과 기능에 대한 포괄적인 성명서에 대한 동의를 구하기 위해 동분서주했다. 그리고 그 자리를 물러난 후에는 위원회의 명예회원이 되었다. IMO 해체 후 어떤 일도 하지 않았으나 1927년까지 상층 대기 연구 위원회의 위원장으로 남아 있었다. 그는 또한 1920년부터 1930년까지 국제측지학 및 지구물리학연합의 기상 분야의 회장이었다.

쇼의 업적은 상당하였고 381편의 논문이 출판되었다. 그는 1891년에 영국 학술원 펠로가 되었고, 1903년부터 1905년까지 영국 학술원 평의원회에 봉사하였다. 1923년에 '로열 메달'을 수여 받았고 1915년에 작위를 받았다. 애버딘, 에든버러, 아테네, 더블린, 하버드, 맨체스터 대학로부터 명예 학위를 취득하였다. 1906년에 왕립 통계 학회로부터 '가이 메달(Guy Medal)', 1910년에 영국 왕립기상학회의 '시먼즈 기념 금메달', 1923년에 네덜란드 로열 아카데미의 '바이스 발로트 메달'을 수여 받았다. 그는 보스턴, 오슬로, 로마, 스톡홀름의 아카데미의 외국 회원이었고, 오스트리아와 독일 기상학회와 미국과 러시아 지구물리학회의 명예 외국 회원이었다. 에든버러, 케임브리지 임마누엘 칼리지, 로열 공중위생 협회(Royal Sanitary Institution)의 왕립학회의 명예 펠로였고 난방과 환기 공학자 협회의 명예회원이었으며 1919년 왕립 천문학회의 평의원으로 선출되었다. 1918~1919년에 걸쳐 영국 왕립기상학회의 36대 회장을 역임하였다. ▌

| 연대기 |

1909	11월 25일 미국 메인 주 뱅거에서 태어남
1927	뱅거 고등학교를 졸업 후 웨스터 포인터 육군사관학교에 입학함
1931	육군사관학교를 졸업하고 소위로 임관함
1932	비행사 기장을 수여받음. 하와이 주 루크 필드로 전속됨
1933	1월 25일 기마대에서 육군 항공대로 소속이 바뀜
1935~38	중위로 진급하여 텍사스 주 브룩스 필즈로 배속됨
1939	Caltech에서 이학석사 학위를 취득함
1941	대위로 진급함
1942	중령으로 진급함 수훈훈장과 항공훈장을 받음
1944	대령으로 D-Day 예보에 참여함 미 육군 훈공장을 받음
1945~50	앤드루스 공군 기지에서 근무함
1947	준장으로 진급함
1950~51	미 공군 사령부 개발 참모부의 부참모장으로 근무함 미국기상학회 회장을 역임함
1952	소장으로 진급함
1954~60	미 공군 미사일 시험 센터의 사령관으로 근무함
1958	해군 공로훈장을 받음
1960	중장으로 진급함 육군 공로훈장을 받음
1961	3월 3일 전역함

1993 8월 28일 플로리다 주 롱우드에서 사망하여 알링턴 국립묘지에 안장됨

10장

조지 로빈슨

(George David Robinson, 1913~1996)

D-Day 예보에 참여하고 영국왕립기상학회장을 지낸 잉글랜드 기상학자

스모그를 연구한 사람

잉글랜드 기상학자인 조지 데이비드 로빈슨은 1913년 6월 8일 잉글랜드 리즈에서 태어났다. 조지(George)로 잘 알려져 있지만 그의 어머니는 아버지 조지와 혼란을 피하기 위해서 데이비드(David)라고 불렀고, 그의 동료들은 로비(Robbie)라고 불렀다. 그의 취학전 교육은 세계대전의 발발로 중단되었다. 왜냐하면 그의 아버지는 프랑스에서 보병으로 참전하여 그의 어머니가 일을 해야만 했기 때문이다. 반은 의무이고 반은 돈을 벌기 위함이었다. 어린시절 조지는 종종 다른 친척들이 보살펴 주었으며 그에게 글을 가르쳐 주기도 하였다. 전쟁이 끝나고 그의 가족이 다시 모이자 그는 학교에 갈 수 있었다. 교육을 받은 그는 일취월장하였다.

그는 고등학교 시절 수많은 상과 장학금을 받고 탄탄대로로 리즈 대학교에 입학하였다. 여기서 22살의 젊은 나이로 박사 학위를 취득하였다. 1935년부터 1936년까지 리즈 대학교의 무기화학과에서 연구조교 직을 맡아 현재 우리가 '스모그(smog)'라고 부르는 것에 대해서 연구하였다. 이로 인하여 대기오염 분야의 전문 기술자로서 명성을 얻게 되었고, 처음으로 대기과학과 연계를 맺었다.

영국 기상대 시절

1930년대 여러 종류의 무단 정치가 유럽 주변을 횡행하여 전쟁의 위험성을 우려한 항공성 산하의 영국 기상대는 신입 직원 채용을 증가시켰다. 그러나 로빈슨이 들어온 1936년에는 오직 그 만이 임시 기술관(Temporary Technical Officer)직으로 일하게 되었다. 아마도 그는 정규적인 입대와 훈련을 받는 사람들보다 필요 이상으로 높은 자격을 갖추어서 대기 전기학을 연구하고 있던 영국 기상대의 대장인 조지 심슨의 연구 조교로 일하도록 한 것이다. 그들의 공동 연구 결과는 '뇌운 내의 전기의 분포(*The distribution of electricity in thunderclouds*)'란 제목으로 ≪영국학술원 논문집(Proceeding of the Royal Society)≫에 실렸다. 1938년 제임스 스태그가 프랜시스 휘플을 대신하여 큐 관측소의 소장으로 부임하였고, 로빈슨은 지진관측소의 유지와 지진학 회보(bulletin)를 준비하는 데 관여하는 부서의 공무원이 되었다.

읽을거리… 훌륭한 행정관이 된 기상학자 : 조지 심슨

조지 클라크 심슨(Sir George Clarke Simpson, 1878~1965; 그림 10-1)은 훌륭한 행정관이 된 기상학자였다. 그는 1878년 9월 2일 잉글랜드 더비셔 주[1] 더비[2]에서 아버지 아서 심슨(Arthur Simpson)과 어머니 앨리스 램턴(Alice Lambton) 사이에서 차남으로 태어났다. 그의 아버지는 소매상인으로 더비의 시장이 되었고 그의 어머니는 링컨셔 주의 서턴교(Sutton Bridge)의 부두 관리인인 토머스 윌리엄 클라크(Thomas William Clarke)의 딸이었다. 더비에 소재한 다이아시언 주교 학교에서 교육을 받은 후 과학과 예술 분야의 초등학교 교사 자격증을 위한 시험에서 1등급으로 통과하여 자격증을 획득하였다. 16세에 심슨은 학교를 떠나 그의 아버지 사업에 뛰어들었지만 그는 생활 과학에 흥미를 느껴 그에 관한 책을 읽기 시작하였고 수학 실력을 향상시키기 위해서 야학에 다니기 시작하였다. 3년 후 그의 아버지는 그를 빅토리아 대학교 오웬 칼리지에 보내기로 결정하였지만 먼저 그는 6개월 동안 개인 교습이 필요했다. 그리고 일반 학위 과정에 등록하도록 조언을 받았지만 그는 아서 슈스터(Arthur Schuster, 1851~1934)[3] 교수와의 우연한 만남으로 전공을 물리학으로 변경하였다. 1900년 그는 1등급 학위를 취득하였다.

졸업 1년 후, 심슨은 맨체스터 대학교에서 물리학 튜터의 자리를 차지하게 되었다. 그의 봉급은 없었지만 식사가 가능한 하숙집은 제공받았다. 연구 과제를 위하여 그는 강한 자기장 내에서 전류를 변경

1) 잉글랜드 중부에 있는 주.
2) Derby : 더비셔 주의 주청 소재지.
3) 방전관 내에 있는 음으로 하전된 입자가 자장에 의해서 휘는 현상에 대해 체계적인 실험을 하였다.

그림 10-1 잉글랜드 출신의 조지 심슨으로 47대(1940~41) 영국 왕립기상학회의 회장을 역임하였다. 대기 전기학에 많은 공헌을 하였다.

하는 금속 비스무스의 저항을 공부하였다. 이듬해 심슨은 로버트 스콧 선장의 1차 남극 탐험대에 물리학자로 초대 받았으나 신체검사에서 떨어졌다.

1902년 심슨은 3년 동안 '1851 박람회 장학금'을 수여 받았고 슈스터 교수의 권유로 그는 괴팅엔에 소재한 지구물리 연구소로 갔다. 그 당시 이 연구소는 대기 전기학에 대한 연구 센터여서 심슨은 지구의 영구적인 음전하를 연구하였다. 그는 그 당시 믿고 있는 바와 같이, 지구의 영구적인 음전하는 대기로부터 흡수된 음이온에 의해서 일어나는 것이 아니라는 것을 밝혔다. 그의 결과에서 대기 전기학의 문제점은 태양이 연속적으로 수평면 위 또는 아래로 존재하는 기간이 장주기로 존재하는 고위도에만 달려들 수 있는 것이라 제안하였다. 그는 1년 동안 아침 7시 30분부터 저녁 7시 30분까지 때때로 저녁 10시까지 매일 퍼텐셜 경도와 공기 전도도와 이온화를 측정하기 위하여 라플란드 지역 내의 69°N에 위치하는 노르웨이 카라스조크를 지켜보았다. 이 작업은 무척 많은 노력을 요구했다.

1905년 장학금 지급이 끝남에 따라 심슨은 영국 기상대에 자원하여 과학 조수가 되었다. 그가 맡은 일은 '보퍼트 풍력계급(Beaufort wind scale)'과 풍속 사이의 관계를 규명하는 것이었다. 이것은 내륙 지방의 관측자들이 이해할 수 있도록 필요한 표를 준비하는 데 도움이 되었다. 그 해 그는 기상학 강사로 맨체스터 대학교에 돌아왔다. 기상학 강의가 영국 대학교에서 최초로 개설되었고 그곳에 있는 동안 그는 잉글랜드 내의 4개의 기구 탐측 관측소 중의 하나를 설립하였다.

다음 해 심슨은 길버트 워커 휘하의 인디아 기상대에 자리를 확보하여 그가 오랫동안 연구한 뇌우의 전기학에 관한 연구를 시작하였다. 이 연구는 1908년 여가시간을 이용하여 심라[4]에서의 빗방울에 대한 전하 연구와 함께 시작하였다. 그는 강우량에 따라 급격히 증가하는 전하는 양전하가 뚜렷하다는 것을 발견하였다. 그는 또한 빗방울이 깨어지면 양전하를 띄게 된다는 것도 발견하였고 뇌우 내의 큰 빗방울의 분해가 번개를 생성할 만큼 충분한 전하를 발생시킬 수 있다는 이론을 도입하였다. 이 이론은 후에 찰스 윌슨과 함께 수행된 구름 내 전하 분포의 측정에 의해서 폐기되었다.

1909년 심슨은 스콧 선장의 2차 남극 탐험대에 기상학자로 참가하도록 초청을 받았다. 1910년부터 1912년 동안 그는 베이스캠프인 케이프 에반스에서 가치 있는 일련의 기상과 전기 측정을 수행하였다. 기상 관측은 그 후 6년 이상 그의 여가 시간에 계속되었고 이것은 1919년과 1923년에 출판되었다. 심슨은 1912년 워커의 병환으로 인하여 인디아로 귀환했다. 그러나 그는 1916년 메소포타미아[5] 영국 해외 파견군과 인디아 군수품 위원회(Indian Munitions Board; 1917~19)와 같은 행정적인 일에 관여하였기 때문에 연구할 시간이 거의 없었다. 1920

4) Simla : 인도 북부의 중앙 정부 직할지로서 영국령일 때는 여름 수도였다.

5) 서아시아 티그리스 강과 유프라테스 강 사이의 지역 일대를 가리키는 명칭을 말한다.

년 그는 이집트 정부의 나일 강 프로젝트 위원회(Egytian Government's Nile Projects Commission)에 동참하였다. 이 위원회는 향후 강의 수위 조절을 위한 계획을 심의하는 임무를 가지고 있었다.

심슨은 1920년 인디아 기상대의 직책을 사임하고 잉글랜드로 귀국하여 네이피어 쇼 경의 뒤를 이어 영국 기상대 대장의 자리를 받아들였다. 그의 임무는 확장된 기상대 내의 여러 가지 서비스를 결합시키고 전쟁 후 새롭게 발전하는 항공성 내에서 점증하는 항공 서비스를 적절하게 만드는 막중한 것이었다. 그가 도입한 많은 변화 가운데 하나는 베르겐 학파의 노르웨이 기상학자인 야코브 비야크네스와 스웨덴의 기상학자인 토르 베르셰론의 일시 파견을 통하여 직원들을 훈련시키는 것이었다. 그는 또한 전시 기상 서비스를 준비하기 위하여 매시 관측의 변화를 측정하는 인쇄 전신기 네트워크를 도입하였다.

연구를 위한 시간은 거의 없었지만, 1926년 심슨은 뇌우와 지구와 대기의 적외선 복사 평형에 관한 연구를 다시 시작할 수 있었다. 후자는 증가된 태양 복사 단 하나의 기간으로부터 일어나는 한대 얼음의 확장에서 두 배 진동의 이론을 이끌어 내었다. 이것은 '플레이스토세(Pleistocene)' 동안 관측된 설선의 진동과 아주 잘 일치한다. 그의 나이 81세 때인 1959년 플레이스토 세 내에서 세계 온도에 대한 논문이 발표되었다. 그는 직원들에게 연구에 전념하도록 고무시키지는 못하였다. 영국 기상대는 1932년에 393 파운드를 지출하였으나, 1938년에 이르러서도 2830 파운드밖에 지출하지 않았다.

심슨은 1938년 영국 기상대를 은퇴하였지만 전쟁의 발발로 그는 자원 입대하여 제임스 스태그를 좀더 활동적인 전쟁 업무가 진행되는 곳으로 보내고 큐 관측소의 소장을 맡아 봉사를 계속하였다. 큐 관측소에 있는 동안 그는 그 당시 6개의 영국 고층 관측소에서 사용되던 라디오존데를 개조하는 데 도움을 주었고, 그는 1947년까지 뇌우의 전기 구조에 관한 연구를 계속하였다.

심슨은 괴팅엔으로부터 귀국한 1905년에 영국 왕립기상학회의 펠로로 선출되었다. 그는 1940년부터 1941년까지 학회장으로 재임하였고, 1930년에는 기상학회의 시먼스 기념 금메달의 수상자였다. 그의 연구는 영예로운 상을 많이 받게 하였다. 맨체스터 대학교(1906년)와 시드니 대학교(1914)로부터 과학박사 학위(DSc) 취득, 1925년 애버딘 대학교로부터 받은 명예 법학박사 학위(LLD), 1951년에 수여 받은 물리학회의 '찰스 크리 상'과 메달을 들 수 있다. 그는 1915년 영국학술원의 펠로로 선출, 1943년에는 미국기상학회의 명예 회원, 1947년에는 에든버러 학술원의 명예 펠로가 되었다. 그의 공공 서비스와 기상학에 기여한 공로를 인정받아, 그는 1919년에 CBE[6], 1926년 CB[7] 그리고 1935년에는 KCB[8]로 지명되었다.

1914년 심슨은 도러시 제인(Dorothy Jane)과 결혼하였다. 그녀는 오스트레일리아 뉴사우스웨일스 주 시드니의 법정 변호사인 시슬 스티븐(Cecil Stephen)의 딸이었다. 심슨은 귀머거리로 시달려 남과 접촉하는 것을 싫어하였다. 그는 또한 시력 장애가 있어 1950년에는 거리 가로등 주변에 무리를 보기 시작하였다. 큐 관측소에서 이루어진 2년 동안의 조심스러운 관측으로부터, 그는 눈에 의한 무리 형성의 메커니즘을 충분히 설명한 것을 준비하여 1953년에 출판하였다. 그는 1965년 1월 1일 브리스틀[9]의 병원에서 짧은 병환 후 사망하였다. ▮

2차 세계대전 참전

2차 세계대전 발발 이후 스태그는 곧 바로 큐 관측소를 떠났고

6) Commander of the British Empire 영국 훈장 상급 훈사.

7) Companion of the Bath 제3급 바스 훈위자.

8) Knight Commander of the Bath 바스 상급 훈작사.

9) Bristol : 영국 잉글랜드 서남부의 공업 도시이고 무역항이다.

심슨은 은퇴하여 영국 기상국의 책임자 직을 떠났으나 직접적으로 전쟁을 돕는 여러 자리에서 진력을 다하였다. 1940년부터 1942년까지 그는 공뢰와 대기전기를 조사하는 기구 부대 본부사령부에서 근무하였다. 그런 다음 그는 비정상적인 전달과 전파도관 현상과 같은 공중 방어의 기상학적 면과 관련되는 야전 문제점을 해결하기 위해서 전투비행부대 본부사령부로 전속되었다. 1942년에 놀랍게도 그는 영국 공군(RAF)의 제3 폭격편대 본부사령부의 예보자로서 가게 되었다. 다행스럽게도 레저널드 슈트크리프가 보충되어 상층 바람을 예보하는 선도적인 방법들에 대해서 많이 배웠다. 1943년 그는 찰스 더글러스 휘하의 예보관으로서 중앙 예보대로 전보되었다. 그에 대한 기상학적 훈련은 미비하였으나 슈트크리프와 더글러스와 같이 영국의 가장 특출한 종관 예보자에게 배웠다.

1944년 그는 상급 기술관으로 승진하였고 영국 공군에 차출되어 5월과 6월 동안 다시 스태그 밑에서 소령으로 연합국 원정군 최고사령부에서 근무하였다. 자신이 왜 스태그의 작은 팀에 참여하게 되었는지 몰랐지만 그 당시 그의 능력과 경험은 확실히 잘 알려져 있었다. 비록 로빈슨 혼자서 예보를 생산하는 데 관여한 것은 아니지만, 그는 미국과 영국 예보 팀의 협의를 동등하게 이끄는 중추적인 역할을 하였다. 그리고 그는 제임스 스태그와 도널드 예이츠에 의해서 연합국 사령관인 드와이트 아이젠하워 장군에게 최종 명령서를 받아내는 데 일부 영향을 미쳤다.

상륙 작전 후 약 2주일 만에 로빈슨은 제2 전술 공군 본부에 배치되어 곧 바로 프랑스에 주둔하게 되었다. 그곳에서 거의 2년 동안 유럽 대륙의 예보를 하게 되었고 독일의 북서부 지방에 기상 서비스를 재정비 하는데 복무하였다 최종 계급은 영국 공군 자원 예비대의 비행단 단장이었다.

전후 활동

1946년 영국 기상대에 복귀하여 수석 과학관으로 승진하였고, 큐 관측소의 소장인 스태그의 요청으로 그는 큐 관측소로 되돌아왔다. 여기에서 그는 미기상학, 대기 경계층 내의 복사 전달과 열평형에 대한 저명한 연구들을 수행하였다. 로빈슨은 스태그를 대신하여 관측소장이 되었고, 국제 학술회의와 위원회에서 그의 경력을 발휘하였다. 1953년 그는 가장 능력 있고 뛰어난 과학자로 인식되어 상급 수석 과학관으로 특별한 공적 승진을 이룬 최초의 기상대 직원이 되었다.

1957년 재조직된 영국 기상대는 물리 연구에 종사하는 지대를 관리하기 위해서 부소장 직을 신설하였다. 로빈슨은 과학 담당 부대장으로 승진하였고, 1957년부터 1968년까지 영국 기상대 본대에서 물리 연구를 담당하는 부소장으로 종사하였다. 이 직책에서 그는 업무를 감독하고 과학 직원과 지원 팀들을 관리하였다. 그는 항상 그의 기상학적 통찰력과 직원들 간에 이루어진 심각한 논의뿐만 아니라 실험과 관측 연구에서 그의 관심과 노력까지도 메모하였다. 그의 초기 연구로부터 그는 항상 예외적인 총명함과 능력을 구비한 것으로 보였다.

1968년 그는 10년 동안 한 자리에서 근무하였고 정부 기관에 조언을 아끼지 않았던 자리를 사임하였다. 그는 영연방에 적절한 자리가 주어지지 않자 미국으로 떠났다.

미국에서 두 번째 경력

여러 논의와 인터뷰를 거친 후 로빈슨은 그의 두 번째 경력으로 1968년부터 1970년까지 미국 북동부의 코네티컷 주 하트포드 시의 여행자 연구 센터(Travelers Research Center)에서 연구 과학자로서 근무하였고 그 다음 1970년부터 1987년까지 하트포드 시의 자연과 인간을 위한 센터(Center for Environment and Man; CEM)에서 연구 과학자로 일하였다. 그리고 CEM이 자진 해체됨에 따라 그는 은퇴하였다. 은퇴 후 대부분의 작업은 주로 미국 정부를 대상으로 연구 과제를 수주하고 연구비를 지원하는 것이었다. 그리고 기후 영향 평가 프로그램, 항공기에 의한 성층권 오염을 포함한 대기 오염의 장기간의 효과, 성층권-대류권 교환 프로그램, 바람 장의 예측 가능성, 스케일, 분산 분석 등과 같은 일들을 담당하였다. 그는 종종 전문가 패널과 위원회의 중심 위원이었다.

로빈슨은 비록 논쟁의 위험성이 존재하더라도 그의 견해를 밝히는 데 두려워하지 않는 분명한 사람이었다. 예를 들면 '예측 가능성(predictability)'이란 주제에서 그는 대기과학은 고급 장교 또는 재무관과 정치인들이 항상 약속을 지키지 못한다는 사실을 빗대어 설명했다. 1967년 4월 19일 영국 왕립기상학회에서 행한 그의 회장 연설은 흥미로운 것이었다.

학회 활동

로빈슨은 학술 단체에 가입했을뿐만 아니라 그곳에서 중요한 역할을 하였다. 물리학자로 시작하여 그는 처음 영국물리 연구소에 회원으로 가입하여 1936년 준회원에서부터 1946년에는 펠로까지 올라갔고 1950년부터 1954년까지는 이사회 위원(Board member)으로서 활약하였다. 그리고 1985년 'Chartered Physicist'가 되었다. 그는 1938년 평의원으로 영국 왕립기상학회에 가입하였고 1953년에는 부캔 상을 수상하였다. 1954년부터 1956년까지 사서(Librarian)로 활동하였고 1956년부터 1958년까지 <쿼틀리>저널의 편집자로 봉사하였다. 그리고 1965년부터 1967년까지 영국 왕립기상학회 학회장으로 재임하였고 1981년에는 그는 명예 펠로로 추대되었다. 미국으로 이주한 후 1년 안에 그는 미국기상학회의 펠로가 되었다.

또한 다국적 과학 단체에 활동적으로 참석한 로빈슨은 1947년부터 과학 연합 국제 위원회(International Council of Scientific Unions)에 관련된 기상학과 대기 물리학의 국제 연합의 복사 위원회(Radiation Commission of the International Association of Meteorological and Atmospheric Physics)의 회원이었다. 그는 1957년부터 1963년까지 간사로서 국제지구물리년을 계획하는데 활동하였다. 세계기상기구에서 그는 '원자 에너지(atomic energy)'와 인공위성에 대한 전문가 패널에서 회원으로 또는 의장으로서 봉사하였다. 이런 패널을 통해서 그는 전 세계 대기 연구 프로그램(Global Atmospheric Research Programme; GARP)과 세계 기상 감시(World Weather Watch : WWW)를 계획하는 데 참여하였다.

연구 활동 분야

로빈슨은 대기 전기학, 오염, 복사, 열 플럭스, 상부 성층권에 관한 주제로 28편의 과학 논문을 썼다. 그는 결코 이들 주제에 대한 관심과 열정을 잃지 않았다. 한센(A. R. Hansen)과 공동으로 76세의 나이에 <지구물리연구저널(*Journal of Geophysical Research*)>에 발표한 그의 마지막 논문 제목은 '상층 대기 내의 수증기와 메테인-NIMBUS 7호의 일부 자료 분석(*Water vapour and methane in the upper atmosphere-an analysis of some of the NIMBUS 7 measurements*)'이었다. 많은 논문 이외에도 그는 1957년 발간된 ≪국제지구물리년 교범(*International Geophysical Year instruction manual*)≫과 같은 중요한 편집에도 공헌하였다.

큐 관측소에 근무할 동안 로빈슨은 지역 축음기회의 모임에서 음악적인 정서가 풍부한 아이린(Eileen)을 만났다. 1948년 그들은 결혼하여 1950년 아들 말콤(Malcolm)을 낳았고 1952년에는 딸 제니(Jenny)를 낳았다. 1989년부터 그는 많은 시간을 그의 정원에서 가족, 친구들과 함께 행복한 시간을 보냈다. 그는 미국 코네티컷 주 하트포드 시에서 1996년 12월 28일 사망하였다.

읽을거리... 영국 기상대

기상 자료를 수집, 편집하고 날씨 예보를 하는 영국 정부 기관 영국 기상대(the Meteorological Office)는 1854년 상무성 내의 작은 과로 시작하였다. 초대 기상대장은 로버트 피츠로이 제독(Admiral Robert FitzRoy, 1805~

1865)이었다.

영국 기상대에서 피츠로이는 날씨 관측 자료의 수집을 장려하여 기압 관측소를 설립하였고 자료 수집에 전신을 사용하였다. 이러한 노력으로 영국 기상대는 날씨 예보를 내놓을 수 있게 되었고, 1861년에는 최초로 폭풍 경보를 발령하였다. 1863년 그는 ≪웨더 북(*The Weather Book*)≫을 출판하였다.

그는 이 책에서 예보 원리를 구축하여 선원들이 날씨를 예보할 수 있는 지침을 마련하였다. 이 책에는 기압계를 사용하여 날씨를 예언하는 47가지의 사용법을 포함하고 있다. 피츠로이는 기압계가 모든 항구에 설치될 것으로 믿고 있었다. 선원들은 피츠로이의 사용법에 따라 눈금을 읽고 항해 여부를 결정하였다. '피츠로이 기압계(FitzRoy barometer; 그림 10－2)'는 매우 인기가 많았고 피츠로이 자신이 여러 형태로 발명하였다. 가정용에는 피츠로이의 설명서를 포함하여 온도계, 청우계(storm glasses), 다른 여러 가지 부품들이 포함되어 있었다. 피츠로이 기압계는 20세기 초까지도 여전히 생산되었고 여전히 복제품이 만들어 진다.[10)]

그의 노력으로 많은 사람들의 생명을 구했지만, 그의 예보 방법이 미국의 유명한 해양학자·기상학자인 매슈 폰테인 모리(Matthew Fontaine Maury, 1806~1873)에 의해서 비난을 받았고, 그의 인도주의적 정치적인 믿음은 신문과 정치인들로부터 많은 분쟁을 일으키게 되었다. 그는 또한 그가 강력하게 믿고 있던 종교적인 견해와 그가 도왔던 자연 선택에 의한 다윈의 진화 이론 사이에 갈등을 겪고 있었다. 이러한 어려움을 해결할 수 없었던 그는 1865년 4월 30일 런던 근교 업퍼 노르우드에 있는 그의 집에서 자살을 감행하였다.[11)]

---

10) http://www.sciencemuseum.org.uk/collections.exhiblets/weather/fitzroy

11) Allaby, Michael, 2002 : Encyclopedia of weather and climate. Vol. 1, 212~213. Facts On File, Inc

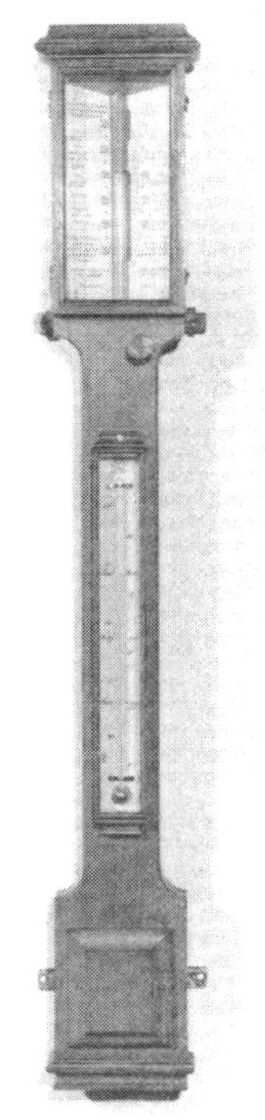

그림 10-2 1858년 수산업자들에게 보급된 피츠로이 기압계의 한 형태인 폭풍 기압계(storm barometer).

1차 세계 대전 동안 기상 업무는 모든 육군 부대에서 이루어졌고, 1920년 영국기상대는 항공부 산하로 함께 통합되었다. 해군 기상 업무는 1937년 해군 본부로 이관되었다. 1990년 4월 영국기상대는 방위부의 행정 관청이 되었고 1996년 4월 1일 상거래 펀드를 만들어 소비자에게 상업적인 계약을 할 수 있도록 허용되었다. 1990년 5월 '기후 예측과 연구를 위한 해들리 센터(Hadley Center for Climatic Predictions and Research)'가 영국 기상대의 한 부분으로 개소하였다.

영국 기상대 150년의 역사에서 본부는 단지 3번밖에 이전하지 않았다. 첫 번째는 1940년 2월 잉글랜드 베드퍼드셔 주 던스터블로 이

그림 10-3 잉글랜드 남서부에 위치한 데본셔 주 엑서터(Exeter)에 소재한 영국 기상대 본부 전경.

전하였고 두 번째는 1961년 잉글랜드 남부에 위치한 버크셔 주 브랙널로의 이전이었으며, 마지막은 2003년 12월에 단행된 잉글랜드 남서부에 위치한 데본셔 주 엑서터로의 이전이었다. 현재 영국 기상대 본부(그림 10-3)는 아주 매력적인 건물로써 첨단 시설을 갖추어 2004년부터 운영되고 있다. ▮

| 연대기 |

1913	6월 8일 잉글랜드 리즈에서 태어남
1935	리즈 대학교에서 박사 학위를 취득함
1935~36	리즈 대학교 무기화학과 연구 조교로 근무함
1936	영국 기상대에 들어옴
1940~42	기구 부대 본부 사령부에서 근무함
1944	D-Day 예보에 참여함
1946	영국 기상대로 복귀하여 수석 과학관으로 승진하여 큐 관측소에서 근무함
1953	영국 왕립기상학회의 부컨 상을 수상함
1956~58	<쿼틀리 저널>의 편집장으로 일함
1957	과학 담당 부대장으로 승진함
1957~68	영국 기상대 본대에서 물리 연구 담당 부소장으로 근무함
1965~67	영국 왕립기상학회 학회장을 역임함
1968	영국 기상대를 퇴직함
1968~70	미국 코네티컷 주 하트포드 시의 여행자 연구 센터의 연구 과학자로 근무함
1970~87	CEM에서 연구 과학자로 근무함
1996	12월 28일 미국 코네티컷 주 하트포드에서 사망함

용어풀이

- **강수**(precipitation) 대기에서 지표면으로 떨어지는 비 또는 눈과 같은 모든 형태의 물.
- **검력계**(dynamometer) 기계적인 힘을 재는 측기.
- **결정학**(crystallography) 결정의 기하학적 특징, 내부구조 및 그 성질들에 관하여 연구하는 자연 과학의 분야.
- **경계층**(boundary layer) 유체가 점성으로 인해 고체 표면의 영향을 받아 높이에 따라 속도가 변하는 얇은 층.
- **공기**(air) 대기권을 구성하는 기체들의 혼합물을 말한다. 대기라고도 한다.
- **권운**(cirrus) 높은 고도에서 밝게 빛나고, 양털 모양을 하며, 가늘고, 머리카락 모양을 한 구름.
- **기단**(air mass) 온도와 습도가 같은 물리적 성질이 동일한 거대한 공기 덩어리.
- **기상학**(meteorology) 대기와 날씨에 영향을 미치는 대기 조건의 변화를 연구하는 학문 분야.
- **기상학자**(meteorologist) 기상학을 연구하는 과학자.
- **기압**(air pressure) 단위 면적 당 공기가 누르는 힘으로 대기압.
- **기압계**(barometer) 기압을 측정하는 데 사용되는 도구.
- **기온감률**(lapse rate) 높이에 따라 일정한 비율로 온도가 감소하는 것.

- **기체**(gas) 억제력이 없다면 무한히 팽창할 수 있는 물질의 물리적 상태.
- **기후**(climate) 장기간 어떤 지역에서의 평균적인 대기 상태.
- **기후학**(climatology) 기후 변화와 기후 예측을 연구하는 학문 분야.
- **기후학자**(climatologist) 기후를 연구하는 과학자.
- **날씨 예보**(weather forecasting) 어느 특정한 지역의 기상 상태를 예측하는 것. 예측하는 기간에 따라 2~3일을 예측하는 단기 예보, 1주일 정도를 예측하는 주간 예보, 1개월 이상을 예측하는 장기 예보가 있다. 용도에 따라서는 일반 예보와 특수 예보로 나눌 수 있다. 일반 예보는 일상생활에 이용되는 예보, 주의보 및 경보 등이 있다. 어떤 특정한 목적을 대상으로 하는 육상 교통 예보, 항공 예보, 해상 예보와 기상 현상을 대상으로 한 홍수 예보, 뇌우 예보, 서리 예보 등이다.
- **날씨**(weather) 어떤 시각 어떤 지역에서 온도, 습도, 강수, 구름양 등으로 표현되는 대기의 상태.
- **남방진동**(Souther Oscillation) 인도양과 남반구의 적도 태평양 사이에 일어나는 짧은 기간 동안의 기후 변동의 한 형태. 태평양의 동쪽과 서쪽에 나타나는 대기압의 시소(seesaw) 현상(동쪽의 대기압이 올라가면 서쪽은 내려가고, 동쪽이 내려가면 서쪽은 올라가는 것)으로 이러한 시소는 매우 느리고 불규칙한 운동으로 본래의 위치로 돌아오는 데 2~10년 정도 걸리며, 기압뿐만 아니라 강수량, 해수면 온도, 무역풍의 세기, 한발 등과 관련이 있다.
- **너울**(swell) 해양에서 발생하여 지역밖으로 벗어난 해파로써 매우 일정하고 풍랑보다 긴 주기를 나타내며 '파봉'은 둥근 모양을 하고 있다. 진행 속도가 빨라 먼 곳까지 퍼져 나가는데, 파장은 수백m이고 주기는 5~15초이다.
- **대기권**(atmosphere) 지구를 둘러싸고 있는 공기층.

- **대류**(convection) 온난한 부분은 상승하고 한랭한 부분은 하강하는 유체의 운동.
- **대류권**(troposphere) 모든 생물체가 존재하는 대기권의 한 부분으로 지표면에서부터 극지방은 12 km, 적도지방은 20 km까지 확장된다.
- **드라이아이스**(dry ice) 기체 이산화탄소를 고체 상태화시킨 물질.
- **라니냐**(La Niña) 남아메리카의 적도 부근 수온이 평균보다 낮아지는 현상(보통 4 ℃)으로 이상 기상을 유발시킨다.
- **로스비 파동**(Rossby wave) 편서풍대의 상층에 나타나는 대기 파동.
- **만류**(Gulf Stream) 멕시코 만에서부터 미국 동부 해안을 따라 올라간 다음 대서양을 횡단하여 잉글랜드까지 흐르는 난류.
- **무역풍**(trade wind) 북동 또는 남동으로부터 적도를 향하여 부는 바람 대.
- **바람**(wind) 지구 표면 위 공기의 수평 운동.
- **번개**(lightning) 대기 내에서 일어나는 전기 방전이 우리 눈에 보이는 현상.
- **베르셰론－핀트아이젠 이론**(Begeron-Findeisen theory) 얼음 알갱이(빙정)의 성장을 설명하는 강수 이론.
- **보퍼트 풍력계급**(Beaufort wind scale) 배의 돛, 물의 표면, 나무 등과 같은 무생물에 가해지는 바람의 효과를 추정하는 시스템.
- **상당온도**(equivalent temperature) 공기 덩이가 가지는 수증기 모두가 응결하여 방출되는 숨은열 모두가 공기덩이를 데웠을 경우의 온도.
- **상층 일기도**(upper air chart) 상층 대기의 상태를 분석하기 위한 일기도로서 등압면 일기도라 부른다.
- **성층권**(stratosphere) 지상 10～30 km에 위치하는 대기층.
- **세포형 대류**(cellular convection) 여러 개의 대류 세포가 함께 존재

하고 있는 대류.

- **소용돌이**(vortex) 회오리바람과 같이 원 운동을 하는 유체의 집단.
- **소용돌이도**(vorticity) 유체 내에 아주 작은 순환을 나타내는 벡터양.
- **수렴선**(lines of convergence) 두개의 공기 흐름이 함께 만나는 지역.
- **수온 약층**(thermocline) 수심이 깊어짐에 따라 수온이 급격하게 감소하는 층.
- **스모그**(smog) 연기, 자동차 배기가스, 대기 중의 여러 오염 물질에 의한 대기 오염에 의해서 발생하는 두꺼운 안개.
- **스페니시 플룸**(Spanish plume) 영국에서 발생하는 전형적인 여름 폭풍이 이루어지는 과정. 스페니시 플룸은 스페인으로부터 이동해온 뜨겁고 습윤한 공기가 내륙으로 불어오는 서늘한 대서양 공기와 충돌하여 발생한다. 스페니시 플룸은 어떤 장소에는 짙은 안개가 햇빛을 가리는 날씨를 보이기도 하지만 이곳에서 80 km 떨어진 곳에는 호우를 발생시키기도 한다.
- **스콜선**(squall line) 한랭전선의 앞쪽에 선상으로 발생하는 뇌우들.
- **습도**(humidity) 대기 중의 수증기 양.
- **시정**(visibility) 대기의 혼탁 정도를 나타내는 기상 요소.
- **썰물**(ebb tide) 만조에서 간조로 될 때 수위가 낮아지면서 빠져나가는 해수의 이동.
- **엘니뇨**(El Niño) 페루 앞바다의 수온이 이상적으로 높아지는 현상. 이러한 현상이 나타나면 지구상의 여러 지역에 이상 기상이 출현한다.
- **열권**(thermosphere) 대기권 중에서 가장 높은 층으로 80 km 이상의 고도에서 형성되는 대기층.
- **열대 수렴대**(intertropical conversion zone) 적도 부근의 열대 지방에 형성되는 적도 저기압에 의해서 양반구의 무역풍이 수렴하는 지역.

- **열섬**(heat islands) 도심 지역의 대기가 주변지역보다 더 따뜻하고 더 건조한 경우.
- **열역학**(thermodynamics) 에너지의 여러 가지 형태를 연구하는 과학의 한 분야.
- **열전달**(heat transfer) 전도, 복사, 대류에 의해서 열에너지가 이동하는 것.
- **예측 가능성**(predictability) 예측 또는 예보 가능성의 한계.
- **오존**(ozone) 한 분자에 산소 원자 3개가 포함되어 있는 산소의 형태.
- **요오드화은**(silver diode) 은의 요오드화물로써 구름씨로서 사용되는 물질.
- **온난전선**(warm front) 더운 공기가 찬 공기 위를 완만한 기울기로 타고 올라가게 되어 형성된 전선.
- **온도**(temperature) 물체의 따뜻함 또는 한랭함의 정도를 숫자로 나타낸 것.
- **온도계**(thermometer) 온도를 재는 측기.
- **온도풍**(thermal wind) 높이에 따라 지균풍의 세기가 변해 일어나는 바람.
- **워커 순환**(Walker circulation) 적도 태평양 상에서 일어나는 동서 방향의 순환.
- **원격 상관**(teleconnection) 열대 지방의 해수 온도의 이상과 중위도와 고위도의 기압장 이상의 상관관계.
- **원자 에너지**(atomic energy) 원자핵의 상태 변화에 수반하여 주고받게 되는 에너지. 이는 핵분열 결과로 생기는 에너지와 핵융합에 의하여 생기는 에너지로 크게 나누게 된다.
- **유사법**(analogue method) 현재의 종관 상태 또는 시간에 따른 변화가 과거와 유사하면 미래에도 비슷한 변화를 한다고 가정하여

예보하는 방법.

- **유체역학**(hydrodynamics) 유체에 의해서 가해지는 힘과 유체의 운동을 다루는 과학의 한 분야.
- **자기기상계**(meteorograph) 자동적으로 기온, 기압, 습도를 함께 기록하는 측기.
- **저기압**(cyclone) 상대적으로 기압이 낮은 지역으로 북반구에서는 주변을 중심으로 시계 반대 방향으로 회전하면서 수렴하여 상승기류가 존재. 저기압 중심 부근에는 구름이 많고 바람이 강하게 분다.
- **적운**(cumulus) 수평 밑면과 꼭대기가 둥그런 모양을 한 희고 솜털 모양을 한 구름.
- **적운형**(cumuliform) 적운 모양의 구름.
- **전선**(front) 성질이 다른 두 기단 사이에 나타나는 경계.
- **제트류**(jet stream) 상층에서 풍속이 빠르고 길이는 길며 폭은 좁은 기류.
- **조석**(tide) 해수면이 달과 태양에 의해 발생하는 기조력에 의해서 하루에 2회씩 정기적으로 상승·하강하는 현상.
- **주기도**(periodogram) 대기의 주기성을 나타낸 그림.
- **지상 일기도**(surface chart) 관측소 기압을 고도 보정한 기압으로 바꾸어 작성한 일기도.
- **진동**(vibration) 물체가 시간이 흐름에 따라 하나의 점을 중심으로 왔다 갔다 하면서 움직이는 상태.
- **측풍기구**(pilot balloon) 파이발 관측에 사용되는 기구로써 상층의 풍향과 풍속을 계산하는 자료를 얻기 위해 추적되는 작은 풍선.
- **층운**(stratus) 편평하고, 넓게 퍼졌고, 얇은 판 모양을 한 하층 구름.
- **층운형**(stratiform) 층으로 정렬된 모습을 한 구름 모양.

- **탄성**(elasticity) 외부 힘에 의하여 변형을 일으킨 물체가 힘이 제거되었을 때 원래의 모양으로 되돌아가려는 성질.
- **테피그램**(tephigram) 열역학선도의 하나로써 가로축이 온도, 세로축이 엔트로피에 상당하는 양으로 그려진 단열도.
- **편서풍**(Westerlies) 항상 서에서 동으로 부는 바람. 지상에서는 위도 30~60° 사이에 나타나며, 상층에서는 전향력이 약한 적도 부근을 제외하고는 대류권의 바람은 편서풍이 지배한다.
- **폐색**(occlusion) 저기압의 마지막 단계로서 한랭전선과 온난전선이 서로 겹치는 단계.
- **폭풍**(storm) 강한 바람과 비에 의하여 심각한 기상재해를 유발하기 쉬운 기상 상태. 폭풍우라고도 한다.
- **플레이스토세**(Pleistocene) 신생대 제4기 첫 번째 지질 시대. 플라이오세와 홀로세 사이에 해당된다. 2~3백만 년 전부터 약 1만 년 전까지의 시기이다.
- **하층 구름**(low cloud) 지상 2000 m 미만에 발생하는 구름.
- **한대전선 이론**(polar front theory) 중위도 저기압(온대 저기압) 발생을 설명하는 이론으로 베르겐 학파의 기상학자들에 의해 주창되었다. 이 이론은 열대와 한대 기단을 분리하는 것이 한대 전선이고 이곳에서 저기압 요란이 발생하게 된다는 것이다.
- **한대전선**(polar front) 적도쪽으로 향하는 한랭 공기와 중위도 온난 공기 사이의 경계를 나타내는 전선.
- **한대 제트류**(polar jet stream) 북반구 중위도 상공에서, 서쪽에서부터 동쪽으로 흐르는 제트류.
- **한랭전선**(cold front) 밀도가 크고 온도가 낮은 기단과 상대적으로 밀도가 작고 온도가 높은 기단 사이에 형성되는 전선.
- **해들리 세포**(Hadley cell) 적도와 위도 30° 부근 사이에 열의 직접순환으로 나타나는 남북 간의 순환 세포. 즉 지상에서는 30° 부근

에서 적도쪽으로 무역풍이 불며, 상공에서는 적도쪽에서 상승하여 극쪽으로 바람이 불어 위도 30°부근에서 하강하는 순환이다.

- **해들리 순환**(Hadley circulation) 해들리 세포에 의한 순환.
- **해류**(ocean current) 해수의 표층 흐름.
- **활강바람**(katabatic wind) 경사면을 타고 불어내려오는 바람.

참고문헌

양재삼, 2007 : 천재들의 과학노트(5 해양학)－과학사 밖으로 뛰쳐나온 해양과학자들. 일출봉, p. 275.

윤일희, 2006 : 스토리기상학, 경북대학교 출판부. p. 346.

윤일희, 2007 : 천재들의 과학노트(6 대기과학)－과학사 밖으로 뛰쳐나온 대기과학자들, 일출봉, p. 257.

좌용주, 2007 : 천재들의 과학노트(4 지구과학)－과학사 밖으로 뛰쳐나온 지구과학자들, 일출봉, p. 265.

Barlow, Derek, 1994 : From wind stars to weather forecasts: The last voyage of Admiral Robert FitzRoy. *Weather*, 49(4), 123~128

Blanchard, D. C., R. Falcon, E. McLaren and B. Vonnegut, 1993 : necrologies. Vincent J. Schaefer(1906~1993). BAMS, 74, 2402~2405

Blanchard, D. C., R. Ryan, and C. Moore, 1997 : necrologies. Bernard Vonnegut(1914~1997). BAMS[1], 78, 1794~1797

Brettle, M. J. and J. F. P. Galvin, 2003 : Back to basics: Radiosonde: Part I-The instrument. *Weather*, 58, 336~341

Burton, Jim, 1995 : Pen Portraits of Presidents-Sir Napier Shaw, MA, ScD, LLD, FRS. *Weather*, 50, 89~93

1) BAMS : *Bulletim of the American Meteorological Souiety*

Burton, Jim, 2003 : Pen Portraits of Presidents-Reginald Cockcroft Sutcliffe. *Weather*, 58(8), 294~299

Cale, R. E. and R. C. Bundgaard, 1997 : necrologies. Irving P. Krick (1906~1996). BAMS, 78(2), 278~279

Crewe, Maurice, 1999 : Pen portraits of Presidents-George David Robinson, PhD. *Weather*, 54(2), 55~58

Coghlan, C., 2002 : El Niño-causes, consequences and solutions. *Weather*, 57, 209~215

Cross, Paul and R. Bundgaard, 1994 : necrologies. Donald N. Yates (1910~1993). BAMS, 75(6), 1046~1947

Cullen, K., 2006 : Pioneers in Science: Weather & Climate. Chelser House Publishers. p. 160

Field, M., 1999 : Meteorologist's profile-Charles Kenneth Mackinnon Douglas, OBE, AFC, MA. *Weather*, 54, 321~327

Field, M., 2003a : Pen portraits of Presidents-Reginald Cockcroft Sutcliffe, *Weather*, 58(8), 294~299

Field, M., 2003b : Pen portraits of Presidents-Ernest Gold., CB, OBE, DSO, FRS. *Weather*, 58(10), pp. 407~410

Fleming, James R., 1996 : Historical Essays on Meteorology 1919~1995. Americn Meteorological Society. p. 617

Fleming, James R., 2004 : Sverre Petterssen, the Bergen School, and the Forecasts for D-Day. *Proceedings of the International Commission on History of Meteorology*. 75~83

Gray, William, 1988 : necrologies, Herbert Rieh(1915~1997). BAMS, 79(4), 670~671

Gross, P. and R. Bundgaard, 1994 : necrologies. Donald N. Yates (1910~1993). BAMS, 75(6), 1046~1047

Holmboe, J., J. Namias, and M. G. Wurtele, 1975 : Jacob Bjerknes (1897~1975). BAMS, 56(10), 1089~1890

Jacobs, W. C., 1975 : necrology. Benjamin G. Holtzman(1910~1975). BAMS, 56, 1295~1296

Johannessen, Karl R., 1975 : Sverre Petterssen(1898~1974). BAMS, 56(8), 892~894

Lutgens, F. K. and E. J. Tarbuck, 1998 : The Atmosphere(7th ed.), Prentice－Hall, p. 434

Pedgley, D. E., 1995 : Pen Portraits of Presidents－Sir George Clarke Simpson, KCB, FRS. *Weather*, 50(10), 347~349

Pike, W., 2005 : William Henry Dines(1855~1927). *Weather*, 60(11), 308~315

Ratcliffe, R. A. S., 1993 : Pen portraits of Presidents－C. J. P. Cave, MA, JP, FRPS. *Weather*, 48(10), 326~327

Ratcliffe, R. A. S., 1994a : Pen portraits of Presidents－Dr J. M. Stagg, CB, OBE, FRSE. *Weather*, 49, 187~188

Ratcliffe, R. A. S., 1994b: Weather forecasting for D－Day, June 1944. *Weather*, 49(6), 198~202

Shapiro, M. and S. Grønås, 1999 : The Life Cycle of Extratropical Cyclones. American Meteorology Society, p. 359

Sheppard, P. A., 1959 : Obituary notice: Sir Gilbert Walker. I, FRS, *Q. J. R. Meteorol. Soc.,* 85, 186

Stephen H. Schneider(Editor), 1996 : Encyclopedia of Climate and Weather, Oxford University Press, 273~277

Sutcliffe, R. C., 1976 : Obituary notices: Ernest Gold, F.R.S. *Q. J. R. Meteorol. Soc.,* 102, 945~946

Walker, J. M., 1992 : Pen Portraits of presidents-Professor Sir David Brunt, KBE, MA, ScD, FRS. *Weather*, 47, 342~343

Walker, J. M., 1997 : Pen Portraits of Presidents—Sir Gilbert Walker, CSI, ScD, MA, FRS. *Weather*, 52(7), 217~220

Williams, Ivor, 2004 : The Met Office moves west. *Weather*, 59, 309~310

Willis, E. P. and W. H. Hooke, 2006 : Cleveland Abbe and American Meteorology, 1871~1901. BAMS, 87, 315~326

website

http://www.scienceandsociety.co.kr

http://www.infocomservices.com/rites

http://bluehill.org/history.html

http://nobelprige.org/nobel_leureates/1922/nansen-bio.html

http://ucmp.berkeley.edu/history/wegner.html

http://www.obitcentral.com/obitsearch/obits/ma/ma-bristol59.htm

http://vki.ac.be/public/index.html

http://www.deas.albany.edu/deas/bvonn/bvonetal.html

http://www.eoearth.org/artjcle/Gutenberg_Beno

http://www.islandnet.com/~see/weather/history/cabbe.html

http://www.alingtorcemetery.net/dayates.htm

http://enwikipedia.org/wiki/Emmanuel_College,_Cambridge

찾아보기

ㄱ

강수 43
강수 공전 149
검력계 26
결정학 140
경계층 32
고고학 연구 147
공기 44
과거 지질시대의 기후 116
관측 값의 정리 요약 13
구름 물리학 58
구아노 78
국제극관측년 122
국제기상기구 17
국제지구물리년 14, 198
국제측지학 127
권운 34
기단 43
기상역학 14
기상학 49
기상학개론 110
기상학 교범 184
기상학자 51
기압 7
기압계 20
기온감률 34
기체 164
기후 126
기후학 11
기후학자 157
길버트 워커 78, 128

ㄴ

나폴레옹 보나파르트 3
날씨분석과 예보 110
날씨 알림판 171
날씨 연구 13
날씨 예보 20
날씨의 드라마 184
남방진동 81
너울 8
노르만 록키어 132

ㄷ

다인스 자기기상계 122
대기의 열역학 106, 114

대류 133
대류권 70
대륙과 해양의 기원 116
던컨 블랜처드 152
데이브 풀츠 89
데이비드 브런트 11, 12
도널드 예이츠 4, 167
드라이아이스 145, 163
드와이트 아이젠하워 8, 112
등기압변화 저기압 18

ㄹ

라니냐 82
레이먼드 포크너 151
레일리 경 178
레저널드 슈트크리프 18, 49
로렌스 하그레이브 24
로버트 스콧 180
로버트 앤드루스 밀리 142
로버트 왓슨-와트 125
로버트 프리드먼 36
로버트 피츠로이 199
로스비 파동 92
루돌프 렘퍼트 180
루이스 리처드슨 35
루트비히 바이크만 141
루트비히 볼츠만 72
루트비히 프란틀 138
리 앨빈 두브리지 142
리드 브라이선 89

ㅁ

마르코 폴로 2
막스 마르굴레스 67, 72
막중한 임무를 위한 예보 8
만류 77
맑은 날씨에서의 대기 구조 124
매슈 폰테인 모리 200
메리 뷰캐넌 20
무역풍 81
무적함대 2
물리기상학 14
물리 유체 동역학 76
미국 기상국 26

ㅂ

바람 83
바람 측정계 23
바람과 함께 사라지다 142
바질 존 메이선 58
발터 108

버너드 보네거트 145, 163
버트 볼린 90
번개 151
베르겐 학교 66
베노 구텐베르크 157
베르셰론-핀트아이젠 이론 108, 115
벤저민 홀츠만 3
보퍼트 풍력계급 192
뵈욘 헬란-한센 41
블라디미르 쾨펜 116
블루 힐 기상관측소 25
블뤼허 왕자 3
비행사용 기상학 53
빅터 스타 76
빈센트 조지프 섀퍼 145, 146
빌헬름 비야크네스 37, 61

ㅅ

상당온도 15
상층 일기도 3
샤오 란 쿼 89
성층권 11
세포형대류 13
소용돌이도 36
손권 1
수계 지리학 40
수렴선 65
수온 약층 84
스모그 188
스반테 아레니우스 39
스베레 페테르센 3, 104
스페니시 플룸 49
습도 27
시오도르 폰 카르만 138
시오도르 헤셀베르크 40
시정 2
썰물 1

ㅇ

아서 슈스터 190
아서 파커 1 47
알렉산더 맥아디 23
알렉산더 윌슨 21
알베르트 데판트 74
알프레트 베게너 114
애보트 로렌스 로취 25
야외 대기 조사 입문서 152
야코브 비야크네스 61
어니스트 골드 10
어빙 랭뮤어 148
어빙 크릿 3, 136
에드워드 제임스 스톤 180
에릭 팔먼 71
엘니뇨 78, 80

엘리자베스 여왕 2
열역학 38
열전달 140
영국 기상대 11, 199
영국 왕립기상학회 14
영국 학술원 57
예일 민츠 76
예측 가능성 197
오토 페테르손 39
온난 전선 69
온도 69
온도계 25, 32
온도풍 16, 34
올리버 그래엄 서턴 58
외르겐 홈보 75
요오드화은 163
워런 손드웨이트 157
워커 순환 83
원격상관 78
원자 에너지 198
웨더 북 200
웰링턴 공작 3
윈스턴 처칠 183
윌리스 무어 26
윌리스 휘트니 147
윌리엄 네이피어 쇼 27, 176
윌리엄 다인스 28
윌리엄 에디 24
윌리엄 클레먼트 레이 34
윌리엄 톰슨 26
윌리엄 패리 23
윌리엄 헨리 다인스 51, 124
유고 힐데브란드-힐데브란드숀 132
유비 1
유사법 3
유적 34
유체 역학 38
율리우스 한트 74

ㅈ

자기기상계 27
저기압 70
전 세계 규모에 관한 대기질 152
전선 18
제갈량 1
제임스 글레이셔 130
제임스 맥스웰 177
제임스 스태그 2, 121
제임스 에스파이 22
제임스 휘트브리드 리 글레이셔 130
제트류 96
조석 1
조안 말커스 90
조조 1

조지 가브리엘 스토크스 179
조지 로빈슨 4, 188
조지 심슨 129, 190
조지 크레스먼 90
조지 프라츠만 90
조지 피셔 23
조지프 라모르 131
존 하딩 48
주기도 13
준정체 18
줄 차니 75
쥘 앙리 푸앵카레 38
지구 내부의 물리학 160
지구물리연합 127
지구물리학 편람 159
지구의 지진 활동 활발도 159
지균 차이 18
지상 일기도 35, 4
진동 140

ㅊ

찰스 더글러스 3, 31
찰스 리히터 159
찰스 마빈 26
찰스 케이브 27, 124
청우계 200
체스터 뉴턴 90
측풍 기구 43, 122
칭기즈 칸 ii

ㅋ

카를 고드스케 71
카를 로스비 71
카를 안톤 비야크네스 38
캘리포니아 공과대학 136
쿠빌라이 칸 ii
클리블랜드 애비 40, 169

ㅌ

탄도바람 15
탄성 140
테피그램 182
토르 베르셰론 52, 106
토머스 멜빌 21

ㅍ

퍼시벌 셰퍼드 132
펠릭스 엑스너 74
편서풍 75, 98
폐색 69
폭풍 144
폭풍의 원리 22
프랜시스 골튼 180

프랜시스 레이첼더퍼 110
프랜시스 휘플 180
프랭크 마리나 139
프리드쇼프 난센 41
플레이스토세 193
피츠로이 기압계 200
필립 2세 2

ㅎ

하랄 스베드럽 40
하인리히 폰 픽커 74
하인리히 헤르츠 38
한대전선 69
한대전선이론 61
한랭전선 69
할보르 솔베르그 41
해들리 순환 78
해럴드 제프리스 76
해류 84
해해변동 77
허버트 리일 92
헤르만 폰 헬름홀츠 178
헨리 라이언즈 183
호러스 바이어스 89, 137
활강 133
활강바람 182
활상 133
휴 밀 183
휴고 폰 헤르게셀 27

D-Day 예보에 참여한 기상학자들

지은이 · 윤 일 희
펴낸이 · 조 승 식
펴낸곳 · (주) 도서출판 북스힐
등록 · 제 22-457 호
주소 · 142-877 서울시 강북구 라일락길 36
www.bookshill.com
E-mail · bookswin@unitel.co.kr
전화 · (02) 994-0071
팩스 · (02) 994-0073

2007년 11월 25일 1판 1쇄 인쇄
2007년 11월 30일 1판 1쇄 발행

값 10,000원

ISBN 978-89-5526-425-8

※ 잘못된 책은 교환해 드립니다.